零基础  DeepSeek 从入门到精通

明　辰◎主编

中国画报出版社·北京

图书在版编目（CIP）数据

零基础 DeepSeek 从入门到精通 / 明辰主编. -- 北京：中国画报出版社, 2025.4. -- ISBN 978-7-5146-2527-1

Ⅰ.TP18

中国国家版本馆 CIP 数据核字第 2025ME3249 号

零基础 DeepSeek 从入门到精通

明　辰　主编

出 版 人：方允仲
责任编辑：李　媛
责任印制：焦　洋

出版发行：中国画报出版社
地　　址：中国北京市海淀区车公庄西路 33 号
邮　　编：100048
发 行 部：010-88417418　010-68414683（传真）
总编辑室传真：010-88417359　版 权 部：010-88417359

开　　本：16 开（710mm × 1000mm）
印　　张：12.5
字　　数：156 千字
版　　次：2025 年 4 月第 1 版　2025 年 4 月第 1 次印刷
印 刷 厂：金世嘉元（唐山）印务有限公司
书　　号：ISBN 978-7-5146-2527-1
定　　价：58.00 元

序　言

当今世界正经历前所未有的技术变革，人工智能已从实验室走向了我们的日常工作。在这场变革中，掌握 AI 工具已不再是锦上添花，而是职场生存的必备技能。

DeepSeek 作为新一代 AI 助手，以其卓越的理解能力、创作能力和问题解决能力，正在重新定义我们的工作方式。与其他 AI 工具相比，DeepSeek 在中文语境下表现尤为出色，能更精准地理解复杂指令，生成更符合中国用户习惯的内容，且在专业领域知识的应用上更为深入。这些优势使 DeepSeek 成为职场人士的理想 AI 助手。

然而，即便是最优秀的工具，若不懂得如何高效使用，也难以发挥其真正的价值。正是基于这一认识，我编写了这本应用指南。

本书最大的特点在于实用性。每一章节都直指工作场景中的实际需求，从日常文书处理到专业方案策划，从数据分析到内容创作，无一不是职场中的刚需。更重要的是，本书不局限于理论层面，而是提供了大量可直接复制使用的提示语作为参考和操作步骤，让读者能够立竿见影地提升工作效率。

无论你是 AI 新手还是有经验的用户，无论你从事何种职业，这

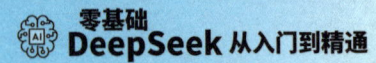

  本书都能帮助你在最短的时间内掌握 DeepSeek 的使用精髓，将 AI 的强大能力转化为你的职场竞争力。在这个 AI 与人类协作的新时代，愿这本指南成为你的得力助手，帮助你在工作中事半功倍，在竞争中脱颖而出。

  是时候拥抱 AI，让 DeepSeek 成为你职场旅程中的智能伙伴了。翻开这本书，你高效工作的新篇章即将开启。

  在这里还有几点要特别说明一下。一是书中案例仅作技术逻辑演示与创意启发参考，不构成实际应用建议。读者应在关键场景中结合人工审核与专业知识验证内容的可靠性。二是基于 AI 模型的随机性设计，相同指令可能产生差异化输出。三是书中案例为生成结果的片段示例，不可视为唯一标准答案。

  最后，愿 DeepSeek 成为大家得力的助手，愿本书能在您使用 DeepSeek 时为您提供适当的帮助。

目 录

第一章　DeepSeek 快速入门——轻松掌握 DeepSeek 基础

一、一分钟了解 DeepSeek　　2

二、注册、界面操作与基本设置　　4

三、让 AI 帮你完成日常高效写作　　9

四、一键完成多语言翻译与优化　　13

五、即使零基础也能让 AI 帮你写代码　　17

第二章　日常工作应用——办公效率翻倍技巧

一、如何让 DeepSeek 完全理解你的需求　　22

二、会议记录、长文档总结与要点提取　　28

三、Excel 分析、图表生成与数据解读　　34

四、制作专业 PPT、报告和方案　　38

五、AI 辅助的邮件模板与回复技巧　　42

第三章　提升 DeepSeek 输出质量——实用提示词技巧

一、万能指令模板，轻松套用各类场景　　46

二、复杂任务的简化处理方式　　51

三、提供样例让 DeepSeek 明白你的期望　　55

四、让 DeepSeek 扮演专家角色　　59

五、如何有效指导 DeepSeek 改进初始内容　　64

第四章 专业场景实战——实用提示词技巧职场应用实例

一、让 AI 生成营销方案与活动策划　70

二、招聘文案、培训材料与员工反馈分析　77

三、销售话术、客户沟通与跟进邮件　86

四、会议安排、日程管理与文档整理　94

五、提案撰写、项目管理与客户沟通　102

第五章 全能助手——让 DeepSeek 解放你的时间

一、用 DeepSeek 进行知识点整理技巧　112

二、用 DeepSeek 解读行业术语　117

三、用 DeepSeek 辅助阅读、写作与表达能力训练　123

四、用 DeepSeek 让孩子的学习成绩飞升　129

五、用 DeepSeek 解决生活中的法律纠纷　136

六、用 DeepSeek 做你健康的指导师　144

七、用 DeepSeek 制订个性化旅行方案　151

第六章 内容创作与变现——AI 创作爆款文案指南

一、吸引读者的标题与开头创作技巧　160

二、抖音、快手爆款文案快速生成　166

三、提高转化率的产品描述与推广文案　172

四、朋友圈、小红书笔记吸睛文案公式　179

五、借势热点创作与流量获取方法　186

第一章　DeepSeek 快速入门
——轻松掌握 DeepSeek 基础

在人工智能迅猛发展的今天，越来越多的智能助手走进我们的工作与生活。作为一款强大的 AI 助手，DeepSeek 凭借其出色的语言理解能力和多样化功能，正在成为提升工作效率的得力工具。本章将带您快速了解 DeepSeek 的基本概念和应用方法，帮助您迅速上手。

一、一分钟了解 DeepSeek

随着人工智能技术的迅猛发展，大型语言模型（LLM）正以前所未有的速度改变我们的工作与生活方式。在众多 AI 模型中，DeepSeek 凭借其独特的技术优势和应用场景，正逐渐成为职场人士的得力助手。

DeepSeek 的定位与特点

DeepSeek 是一款基于大型语言模型技术的人工智能助手，由中国 AI 研究团队开发。与其他 AI 助手相比，DeepSeek 具有以下显著特点：

中文理解能力：针对中文语境和表达习惯进行了深度优化，能够精准理解中文指令和语境

多模态交互：支持文本输入输出，部分版本还支持图像理解

开放生态：提供 API 接口，便于开发者进行二次开发和定制化应用

专业版本：针对不同领域推出专业化版本，如编程、创作等方向

DeepSeek 的核心功能涵盖了日常工作的多个方面

文本创作与优化：撰写、修改和润色各类文档

信息处理与分析：总结长文本、提取关键信息

问答与咨询：回答问题、提供建议和解决方案

编程辅助：代码生成和优化

翻译与语言转换：多语言互译、风格转换和本地化调整

第一章 DeepSeek 快速入门——轻松掌握 DeepSeek 基础

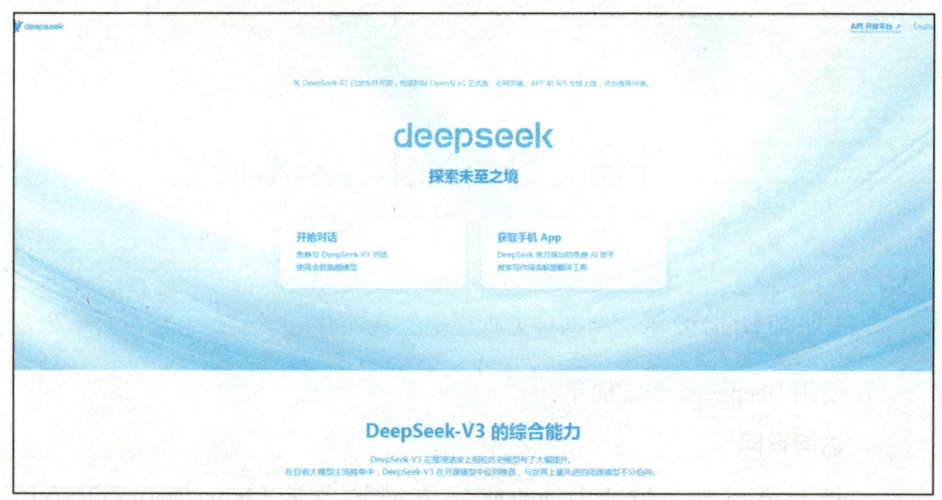

DeepSeek 官网介绍

DeepSeek 与其他 AI 助手的区别

在众多 AI 助手中，DeepSeek 有其独特优势：

特性	DeepSeek	其他主流 AI 助手
中文理解	深度优化，理解更准确	部分产品对中文支持有限
专业领域能力	提供领域特化版本	大多为通用模型
开放程度	提供开放 API 接口	部分产品接口限制较多
本地化特性	针对中文语境优化	多以英文为主要设计语言

通过了解 DeepSeek 的技术基础和应用优势，我们可以更好地将这一强大的 AI 工具融入日常工作流程，提升工作效率和质量。后面我们将详细介绍 DeepSeek 的基本操作方法，帮助您快速上手。

二、注册、界面操作与基本设置

注册与初始设置

使用 DeepSeek 非常简单：

访问官网

打开浏览器，输入 DeepSeek 官方网站地址（https://www.deepseek.com），点击页面右上角"注册"按钮。

选择注册方式

邮箱注册：输入有效邮箱地址，设置密码（须包含大小写字母、数字

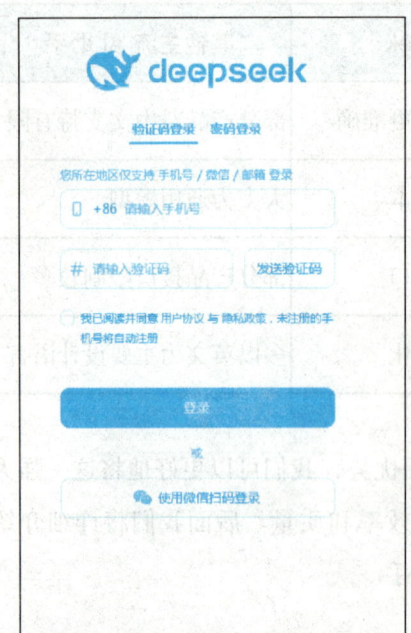

DeepSeek 账号注册页面

微信扫码跳转的绑定手机号页面

第一章 DeepSeek快速入门——轻松掌握DeepSeek基础

和符号）。

手机号注册：输入手机号码，通过短信验证码完成验证。

第三方登录：支持微信、GitHub等快捷登录（须授权绑定）。

完成验证

根据提示完成邮箱/手机验证（验证邮件可能位于垃圾箱），注册成功后自动跳转至主界面。

界面功能区导航

DeepSeek采用直观的聊天式界面，主要包括以下几个部分：

侧边栏：包含历史对话记录、收藏内容和设置选项

对话区域：您与DeepSeek交流的主要区域

输入框：在底部输入框中输入您的问题或指令

功能按钮：包括清除对话、上传文件、设置等功能按钮

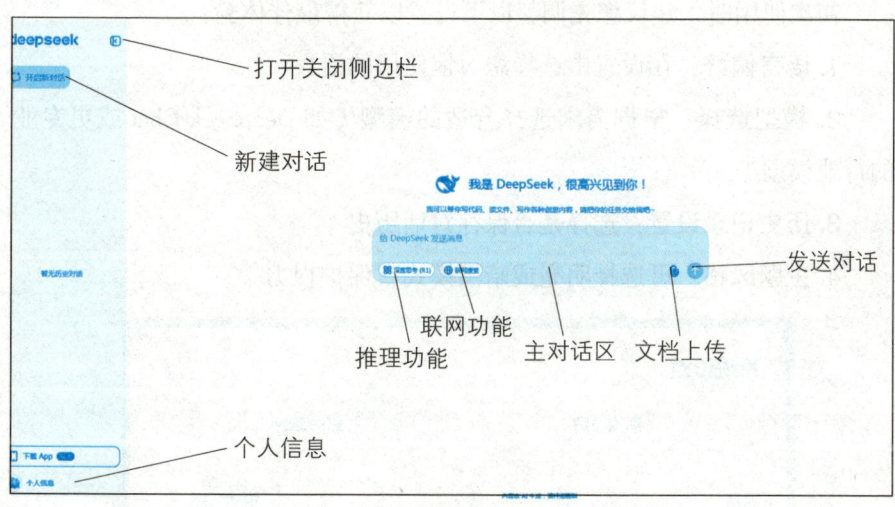

DeepSeek主界面

系统设置界面：账户信息

🧠 设置个性化偏好

初次使用时，建议您先调整以下设置以获得最佳体验：

1. **语言偏好**：在设置中选择您习惯使用的语言

2. **模型选择**：根据需求选择合适的模型（如 DeepSeek Chat 或更专业的行业模型）

3. **历史记录设置**：选择是否保存对话历史

4. **主题风格**：可选择明亮或暗黑模式，保护视力

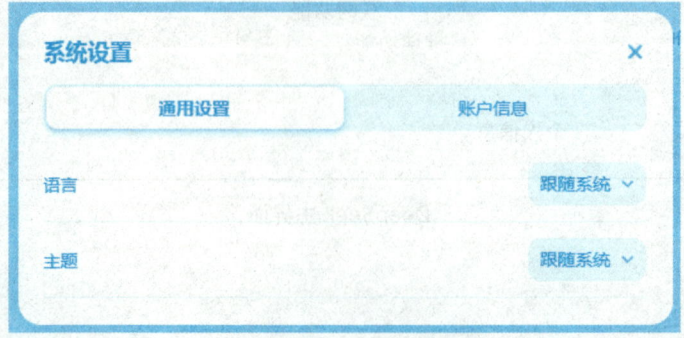

系统设置界面：通用设置

深度思考与联网功能

* 深度思考

当你的任务需要严谨的逻辑、系统的知识或长期积累的经验时，"深度思考"功能是最佳选择。它就像一个随时待命的专家顾问，擅长处理以下内容：

（1）学术研究与技术文档

如果你在撰写论文、实验报告或技术手册，深度思考会从学术数据库和经典文献中提取可靠信息。例如，当你输入"量子计算机基本原理"时，它会自动梳理出量子比特、叠加态等核心概念，并引用权威教科书中的定义，确保内容的准确性。

（2）法律合同与规章制度

需要起草合同、员工手册或合规文件时，深度思考能规避常见的法律漏洞。比如生成《保密协议》，它会自动包含竞业限制条款、违约责任等必备内容，并提示不同地区的法律差异。

（3）结构化知识整理

当任务涉及复杂知识体系（如设计课程大纲、制定项目计划），深度思考会按逻辑分层展开。假设你要规划"Python 入门教学"，它会从变量定义讲到函数封装，最后过渡到面向对象编程，层层递进且不遗漏关键知识点。

* 联网搜索

当你需要追踪热点事件、获取最新数据或整合多平台信息时，请启动联网功能。它像一台高速运转的雷达，专注于捕捉"此刻正在发生的事"：

（1）市场动态与热点分析

比如撰写《618 购物节消费趋势报告》，联网功能会实时抓取电商平台的销售数据、社交媒体热门商品榜单，甚至小红书上的用户种草笔记，让报告具有时效性。

（2）突发事件追踪

若突然需要分析"某地暴雨灾害影响"，联网功能可以快速汇总新闻报道、气象局预警、交通实况，并生成事件时间轴，帮助你迅速掌握全局。

（3）跨平台数据对比

当需要多维度信息时，如比较手机品牌口碑，它会同时扫描京东商品评价、知乎技术测评、抖音开箱视频等，自动提炼出"拍照性能""系统流畅度"等对比维度。

💡 创建新对话

下面是创建新对话并开始使用的步骤演示：

1. 新注册的用户可以直接在对话框中输入你想要提问的内容。老用户可以点击界面左侧的"开启新对话"按钮，也可以使用下方的"开启新对话"按钮。

2. 点击"创建"按钮开始新对话，如用户需要更深度的回答，可以同时选择"深度思考"与"联网搜索"。

3. 如需对历史对话重命名，可以选择为对话命名（例如"市场分析报告"），点击左侧对话上的"…"会弹出重命名对话框。

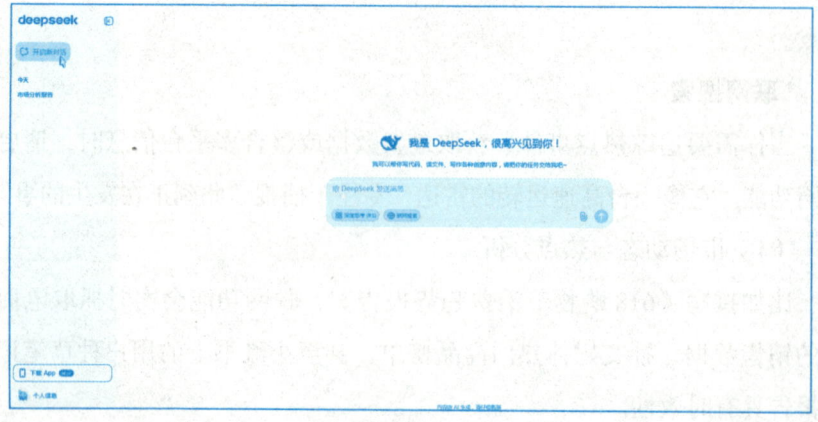

开启新对话的界面

三、让 AI 帮你完成日常高效写作

写作是许多职场人士的日常任务之一，无论是撰写邮件、报告还是创作文案，DeepSeek 都能为你提供强大的支持。你只需输入简单的指令，DeepSeek 就能在几秒钟内生成符合要求的内容。

常见写作场景

DeepSeek 在日常写作中的应用范围极其广泛，几乎涵盖了我们工作和生活中的各种写作需求。在商务沟通中，它能够帮你生成专业、得体的邮件，无论是客户询价回复、合作伙伴沟通还是商务谈判提案，都能让你的表达更加准确有力。当你需要总结工作进展时，DeepSeek 可以协助你撰写结构清晰、要点突出的周报或月报，帮助你更好地展示工作成果和价值。

对于学术写作者而言，DeepSeek 不仅可以帮助你组织论文结构、润色专业表达，还能提供相关参考资料的建议，让你的学术写作更加严谨和专业。在创意领域，无论是小说创作、诗歌写作还是广告文案策划，DeepSeek 都能成为你灵感的催化剂，帮助你突破思维局限，完善创意表达。此外，在社交媒体时代，DeepSeek 还能助你生成吸引眼球的朋友圈内容、微博热文或公众号文章，让你的社交表达更具魅力和影响力。

写作示例：工作周报

需要撰写工作周报时，你可以直接向 DeepSeek 提供关键要点，它会帮你组织成完整的报告。例如：

请帮我写一份营销部门的周报，内容包括：

1. 本周完成了新产品宣传视频的策划和脚本撰写

2. 进行了两场线上直播，总观看人数达到 3000 人

3. 社交媒体粉丝增长 500 人，互动率提升 15%

4. 下周计划开始新一轮促销活动的准备工作

DeepSeek 会为你生成一份格式规范、内容专业的周报：

营销部门周报

日期：2025 年 3 月 7 日至 3 月 13 日

本周工作成果

1. 新产品宣传视频进展

完成了新产品宣传视频的整体策划工作和脚本撰写。视频将聚焦产品核心功能和市场差异化优势，预计下周进入制作阶段。

2. 线上直播活动

成功举办两场线上直播活动：

· 3 月 9 日产品使用技巧分享会，观看人数 1800 人

· 3 月 11 日行业专家访谈，观看人数 1200 人。两场直播累计观看人数达 3000 人，比上月提升 25%。

3. 社交媒体运营情况

· 新增粉丝：500 人（环比增长 12%）

· 内容互动率：提升 15%，达到行业平均水平以上

· 热门内容：#新品预告#话题阅读量突破 10 万

下周工作计划

将启动新一轮促销活动筹备，具体包括：

1. 确定促销主题和核心卖点

2. 设计营销素材和推广渠道

3. 制定预算和效果评估指标

报告人：市场部　张明

💡 应用案例：产品介绍文案

场景： 一家新成立的健康食品公司的市场专员，需要为一款蛋白棒写产品介绍文案。

操作步骤：

1. 向 DeepSeek 提供产品的基本信息：

> 请帮我写一篇产品介绍文案，产品是一款低糖高蛋白能量棒，名称为"活力源"，主要特点：
> - 每条含 20 克优质蛋白质，仅 2 克糖
> - 采用天然原料，无人工添加剂
> - 有巧克力、草莓和香草三种口味
> - 适合健身人士和注重健康的上班族
> - 售价是 38 元 / 盒（6 条装）
>
> 文案风格要活泼积极，突出健康与方便的特点，长度 300 字左右。

2. 审阅 AI 生成的初稿，如果需要调整，可以提供具体的修改意见：

> 这份文案很好，但我希望更强调产品的便携性，适合忙碌生活的特点，并加入一句吸引人的口号。

3. 获得最终优化后的文案。DeepSeek 可能会生成如下文案：

"活力源"高蛋白能量棒——口袋里的营养健身房!

忙碌的生活让你无暇顾及健康饮食?"活力源"高蛋白能量棒为你解决这一困扰!每一条精巧包装中蕴含20克优质蛋白质,而仅有2克糖,完美平衡了营养与健康。

我们坚持采用天然原料,拒绝任何人工添加剂,只为给你最纯净的能量补充。无论你钟爱浓郁的巧克力、清新的草莓,还是经典的香草,三种美味口味总有一款能俘获你的味蕾。

健身房的常客、办公室的健康达人,或是任何珍视自己身体的人,都能在"活力源"找到理想的营养伙伴。轻巧便携的设计让你随时随地享受健康能量补充,再也不用为错过正餐而担忧。

现在仅需38元/盒(6条装),为你的健康投资,为你的生活赋能!

活力源——随身携带的能量,随时绽放活力!

写作技巧与提示

为了获得更好的写作结果,请记住以下几点:

1. 提供清晰的指令:明确说明你需要什么类型的内容、风格和长度。

2. 给出关键信息点:列出必须包含的要点或信息。

3. 指定目标受众:告诉AI这篇内容的读者是谁,这有助于调整语气和深度。

4. 提供范例:如果有特定的风格要求,提供一个简短的范例可以帮助AI更好地理解。

5. 分步完成复杂任务:对于长篇内容,可以先要求生成大纲,然后再逐个部分展开。

四、一键完成多语言翻译与优化

在全球化的今天，跨语言沟通变得越来越重要。DeepSeek 的优秀语言处理能力使它成为理想的翻译与语言优化助手。

基础翻译功能

使用 DeepSeek 进行翻译既简单又高效。当你需要将文本从一种语言翻译成另一种语言时，只需按照以下步骤操作：

请将以下内容翻译成英文：我们公司计划在下个月推出新产品，希望能得到您的支持与合作。

输入这样的请求后，DeepSeek 会立即返回准确的英文翻译：

Our company plans to launch a new product next month and hopes to receive your support and cooperation.

想要翻译成其他语言也同样简单：

请将这段文字翻译成日语：感谢您参加我们的年度客户答谢活动，期待明年再次见到您。

DeepSeek 的翻译优势在于理解上下文。例如，当你说明文本的背景时，翻译质量会更高：

> 这是一份医疗报告中的一段描述，请翻译成英文，保持专业术语的准确性：患者血糖水平呈现波动状态，空腹血糖值为 7.2mmol/L，餐后两小时血糖值为 9.5mmol/L。

DeepSeek 支持的语言非常广泛，几乎涵盖了所有主流语言，如英语、日语、韩语、法语、德语、西班牙语等，满足你在全球化交流中的各种翻译需求。

专业领域翻译

当面对专业领域的内容时，DeepSeek 的翻译能力同样出色。你可以明确指出文本的专业背景，以获得更准确的翻译：

> 请将以下医学论文摘要翻译成英文，保留专业术语的准确性：本研究探讨了胰岛素抵抗与代谢综合征之间的相关性，结果表明长期的高血糖状态会显著增加心血管疾病的发病风险。

当你需要翻译法律文件时，可以这样请求：

> 请将这段法律条款翻译成中文，确保法律术语的精确对应：
> The parties hereto agree to indemnify and hold harmless each other from any claims arising out of this agreement, except in cases of gross negligence or willful misconduct.

DeepSeek 会提供准确的中文翻译，并特别注意法律专业术语的对应关系。金融、技术、医疗、法律、学术等各个专业领域的翻译都可以通过类似的方式指定，大大提升翻译的专业性和准确性。

第一章　DeepSeek快速入门——轻松掌握DeepSeek基础

语言润色与优化

除了翻译，DeepSeek 还能帮你优化已有的文本。当你有一篇英文邮件需要使其更专业时，可以这样请求：

请帮我润色以下英文邮件，使其更加正式和专业：Dear Mr. Johnson, I'm writing to talk about our meeting next week. I think we should discuss the new project and the budget issues. Also, I want to know if you can bring the sales data with you. Let me know if the time doesn't work for you. Thanks, Alex

DeepSeek 会提供更加正式、专业的版本，改进语法、用词和表达方式。同样，当你需要优化中文产品描述时，可以这样请求：

请帮我优化这段中文产品描述，使其更有吸引力和说服力：我们的智能手表具有多种功能，可以测量心率，记录运动数据，接收消息提醒。电池续航时间长，防水设计，适合各种场景使用。

DeepSeek 会重新组织语言，增强表达的吸引力和说服力，同时保留原有的核心信息点。

无论是语法纠正、表达优化还是风格调整，DeepSeek 都能根据你的需求对文本进行精细加工，使其更加符合特定场景的需要。

应用案例：跨国商务沟通

你需要给一位潜在的日本合作伙伴发送一封合作意向邮件。
首先，用中文写出你的基本意思：

请帮我起草一封给日本公司的合作意向邮件，内容包括：1. 我司是一家专注于环保材料的中国制造商；2. 我们看到他们在官网介绍的新项目很感兴趣；3. 希望能够提供我们的环保包装解决方案；4. 询问是否有机会进行视频会议进一步交流；5. 邮件语气要专业、友好。

DeepSeek 生成中文邮件初稿后，再要求其将邮件翻译成日语：

请将这封邮件翻译成日语，确保符合日本商务邮件的礼仪和格式。

最后，你可以要求 DeepSeek 提供一些关于日本商务沟通的文化提示：

请给我一些与日本企业沟通时应注意的商务礼仪要点。

DeepSeek 会提供一封格式得当、措辞礼貌的日语商务邮件，以及相关的文化沟通提示，帮助你顺利开展跨国商务合作。

翻译与语言优化技巧

为了获得最佳翻译效果，请记住：
1. 提供足够的内容：简单说明文本的背景、用途和目标受众。
2. 指明专业领域：如法律、医学、技术等，有助于使用正确的术语。
3. 说明风格要求：是需要正式、学术，还是轻松、口语化的风格。
4. 分段处理长文本：对于很长的文档，分段翻译通常效果更好。
5. 审核重要术语：对于关键术语，可以专门确认其翻译的准确性。

五、即使零基础也能让 AI 帮你写代码

编程不再是程序员的专属技能。借助 DeepSeek，即使你没有任何编程基础，也能生成实用的代码解决实际问题。

与 AI 沟通编程需求的方法

即使你不懂编程，与 DeepSeek 沟通编程需求也很简单。你只需用日常语言清晰描述你想实现的目标，就像向同事解释一项任务那样。例如，当你需要一个处理销售数据的工具时，可以这样描述：

> 请帮我写一个 Python 脚本，功能是：
> ·读取一个 Excel 文件，文件中有"姓名""销售额""日期"三列
> ·计算每个月的总销售额和平均销售额
> 生成一个新的 Excel 文件，显示每月销售数据和一个简单的销售趋势图。假设我完全不懂编程，请详细解释每一步的操作和代码的使用方法。

对于这样清晰的请求，DeepSeek 会提供完整的代码解决方案，并附上详细的使用说明：

> 导入所需的库
> import pandas as pd

import matplotlib.pyplot as plt

from datetime import datetime

……

关键是要在描述中包含三个要素：

1. 你想实现什么功能（例如"统计销售数据"）

2. 你有什么输入数据（例如"Excel 表格中的销售记录"）

3. 你期望什么样的输出结果（例如"月度销售报表和趋势图"）

DeepSeek 能帮你完成的编程任务

DeepSeek 可以协助你完成多种编程任务，以下是一些常见的应用场景：

数据处理：当你面对大量数据需要整理时，可以这样请求："请写一个程序帮我处理客户信息表格，将重复的客户记录合并，并按照消费金额从高到低排序。"

自动化工作流程：想要自动完成重复性工作时："我需要一个脚本，每天早上 8 点自动发送库存报表给销售团队，报表数据来自我们的 Excel 库存表。"

简单网页制作：想要一个简单的展示页面时："请帮我写代码创建一个个人作品集网页，包含我的简介、技能和作品展示区。"

数据可视化：希望直观地展示数据时："我有一份过去 12 个月的销售数据，请帮我创建一个同比增长率的柱状图和销售趋势的折线图。"

无论是 Excel 数据分析、文件批量处理、网站数据抓取，还是自动化日常工作，DeepSeek 都能提供符合你需求的代码解决方案，并指导你如何使用。

应用案例：自动整理客户反馈

作为客户服务负责人，你每天需要处理大量反馈邮件，希望有工具自动分类和总结。

1. 向 DeepSeek 描述需求：

> 我需要一个程序读取带"客户反馈"主题的邮件，将内容分为"产品问题""服务投诉""建议"三类，生成日报表，保存为 Excel 文件。请假设我完全不懂编程，提供详细的代码和使用说明。

DeepSeek 对话显示（局部）

DeepSeek 会提供完整代码和使用说明。

2. 如果有不理解的部分，可以进一步询问：

> 请解释一下如何设置我的邮箱连接信息，以及我需要安装哪些 Python 库？

DeepSeek 会提供完整的代码，包括详细的注释和使用说明，即使是编程新手也能按照指南完成安装和使用。

零基础编程建议

即使完全不懂编程，你也可以有效利用 DeepSeek 的代码生成功能。从简单需求开始，逐步挑战更复杂的任务。要求 DeepSeek 解释代码的工作原理，这样你不仅能使用它，还能逐渐理解它。对于复杂任务，采取分步请求的策略，每次专注一个具体方面。养成保存代码和解释的习惯，方便日后参考。随着实践，你会发现自己的编程理解在不知不觉中提升，这种"边做边学"的方式既高效又实用。

掌握这些基础功能，你已经可以在日常工作和生活中充分利用 AI 的强大能力，大幅提升效率。

第二章　日常工作应用
——办公效率翻倍技巧

在使用 DeepSeek 处理工作任务时，清晰表达需求是获得满意结果的关键。有效沟通能让 AI 精准理解并执行您的指令，大幅提升工作效率。

一、如何让 DeepSeek 完全理解你的需求

在使用 DeepSeek 等人工智能工具时，表达方式直接决定了最终的输出质量。许多用户初次接触 DeepSeek 时常感到困惑：为什么明明提出了需求，却得到了风马牛不相及的回答？其实，与 DeepSeek 沟通无须掌握复杂术语或专业知识，只要掌握几个实用原则，任何人都能让 AI 成为工作中的得力助手。

明确指令原则：避免模糊表达

向 DeepSeek 提问时，指令的具体程度会显著影响结果质量。想象一下，如果你对同事说"帮我准备一下明天的会议"，这种模糊表述可能导致误解。同样，对 DeepSeek 提出模糊指令也会得到不精准的回应。

常见误区示例："帮我写一份报告"

这样的请求缺乏关键信息，就像你走进餐厅只说"给我来份吃的"一样让人摸不着头脑。DeepSeek 面对如此开放的请求，只能凭猜测提供一个通用模板，而非你真正需要的内容。

有效指令示例："请帮我写一份关于 2024 年中国电动汽车市场趋势的报告，包含市场规模、主要品牌占比、消费者购买动机和未来两年的发展预测，长度约 1000 字，语言专业客观，适合向管理层汇报。"

这个指令包含了 DeepSeek 需要了解的全部关键元素：主题范围、内容结构、长度要求、语言风格和目标受众。这些细节可指引 DeepSeek 生成一份符合特定需求的高质量报告，而非泛泛而谈的通用内容。

DeepSeek 处理这类明确指令时，能够集中注意力在用户真正关心的方

面，如中国特有的电动汽车政策环境、本土品牌与国际品牌的竞争态势、中国消费者的独特购买决策因素等，而不是提供适用于全球任何市场的一般性分析。

提供必要背景信息：让 DeepSeek 了解你的处境

DeepSeek 没有读心术，也不了解你正在处理的特定情境。提供足够的背景信息，能让 DeepSeek 站在你的角度思考问题，提供更有针对性的帮助。

缺乏背景的示例："帮我回复这封邮件"

没有提供邮件内容、发件人身份、你与对方的关系等关键信息，DeepSeek 无法生成恰当的回复。

富含背景的示例："我是一家教育科技公司的项目经理，刚收到一封来自重要客户的邮件，他们要求将原定下月交付的学习管理系统提前到下周上线。由于系统核心功能的安全测试尚未完成，提前交付存在风险。请帮我起草一封回复邮件，既要维护客户关系，又要保证产品质量，可以提议先交付已测试完成的模块，核心功能按原计划交付。语气需要专业友好，表达歉意但立场坚定。"

这个请求不仅说明了具体情境（客户要求提前交付），还提供了你的身份和立场（项目经理，关注产品质量），以及可接受的折中方案（分阶段交付）。有了这些信息，DeepSeek 能够站在你的角度，起草一封既维护关系又保护项目质量的专业回复。

DeepSeek 处理这类请求时，会考虑到科技行业的专业术语、项目管理中的常见挑战，以及客户关系管理的最佳实践，从而生成一封既有同理心又不失专业性的回复邮件。

💡 应用案例：产品经理的会议提案准备

一家在线教育平台的产品经理，周一要在高管会议上提出新功能方案。周末在家时，他打开 DeepSeek，输入以下请求：

> 我是一家在线教育平台的产品经理，需要在周一的高管会议上提出一个新功能方案。我们的平台主要提供录播课程，但最近用户反馈互动性不足，难以获得及时解答，导致学习效果和留存率下降。
>
> 请帮我准备一个"实时问答互动"功能的提案，使学生在观看视频课程时能随时提问并获得快速反馈。功能需要考虑：1. 如何在不打断课程体验的情况下实现提问；2. 答疑来源（可能结合 AI 自动回答和讲师人工回复）；3. 优先级排序机制，确保重要问题得到优先解答；4. 问答内容如何沉淀为知识库。
>
> 请包含功能概述、痛点分析、技术可行性评估、实施时间表和成本收益分析，格式简洁专业，便于直接用于演示，总长控制在 1000 字以内。

他的请求成功之处在于：

1. 明确了自己的角色和使用场景
2. 提供了业务背景和当前面临的问题
3. 具体说明了功能的基本构想和需要考虑的关键点
4. 列出了提案需要包含的具体部分
5. 说明了内容风格和长度要求

DeepSeek 根据这一详细请求，生成了一份结构清晰、内容专业的功能提案，包含了用户痛点分析、功能设计思路、技术实现路径、开发周期规划和投资回报预估。这份提案不仅节省了大量准备时间，还因其专业性和完整度在会议上获得了领导认可，项目很快获得立项批准。

分步骤引导：复杂任务的简化策略

面对复杂需求，将请求分解为多个步骤通常能获得更好的结果。这种方法类似于给 AI 提供一个思维框架，引导它逐步完成任务。

模糊的大方向指令："帮我做一个市场竞争分析"

这种模糊请求可能导致 AI 生成过于泛泛的内容，无法满足具体业务需求。

结构化的分步指令：

> 我需要分析我们的在线健身 APP "FitTime" 与市场上三大竞品（Keep、Leap Fitness、薄荷健康）的竞争态势。请按以下步骤帮我：
>
> 1. 先确定分析框架：提出 5—6 个关键维度（如用户体验、内容质量、社区活跃度、商业模式等）
>
> 2. 针对每个维度，比较四款 APP 的具体表现，可使用 1—5 分评分并简述原因
>
> 3. 绘制竞争态势分析表，突出各 APP 的优势领域和差距项
>
> 4. 找出我们 APP 的三个主要优势和三个亟待改进的短板
>
> 5. 基于分析，提出 3—5 个具体的产品优化建议，包括短期可执行项和长期战略方向
>
> 分析需要基于 2025 年 Q1 的市场数据，重点关注 25—35 岁城市白领这一核心用户群体。

这种分步骤请求明确了：

· 分析对象和竞争对手。

- 分析的结构和方法。
- 评估标准和形式。
- 分析结果应用方向。
- 分析的时间范围和目标用户群。

通过这种结构化引导，DeepSeek能够按照特定的分析框架进行思考，生成一份系统性强、逻辑性清晰的竞争分析报告，而不是泛泛而谈的市场概述。

使用具体例子说明期望

有时候，最有效的沟通方式是通过例子展示你期望的输出样式和内容。

不佳示例：

帮我写一个产品说明。

改进示例：

请帮我为一款智能手表编写产品说明，参考以下风格：

"AirPods Pro 不只是无线，更是无界。主动降噪技术能让你沉浸在音乐中，通透模式则能让你听到周围的声音。空间音频和自适应均衡功能会根据你的耳朵形状自动调整音乐。只需说'嘿 Siri'，它就能回应你的语音命令。"

我的产品是 WatchPlus Pro 智能手表，主要特点包括：健康监测（心率、血氧、睡眠质量）、运动追踪（30种运动模式、GPS 定位）、7天续航、防水50米、来电短信通知、语音助手。

通过提供一个你喜欢的现有产品说明作为参考，DeepSeek 能够更好地把握你期望的语调、节奏和重点强调方式,而不是生成一份标准化但可能不符合你期望的产品说明。

以上沟通技巧不仅适用于 DeepSeek,也可应用于其他 AI 助手。掌握这些技巧后,你会发现 DeepSeek 能够更精准地理解并满足你的需求,大幅提升工作效率。关键在于,用清晰、结构化的方式表述需求,就像你对一位聪明但缺乏背景知识的同事解释任务一样。

二、会议记录、长文档总结与要点提取

现代工作环境中，信息过载已成为普遍挑战。每天大量的会议、邮件和文档消耗着我们宝贵的时间和注意力。DeepSeek 可以成为你处理信息海洋的得力助手，帮助你快速提取关键信息，让繁杂工作变得井然有序。

会议记录整理技巧

会议是现代职场的常态，但原始会议记录通常杂乱无章，包含大量冗余信息。有效的会议纪要应当提炼核心信息，形成结构化的可执行文档。

当你有一份混乱的会议记录需要整理时，可以使用以下提示模板：

请将以下会议记录整理为专业的会议纪要，需要包含：
1. 会议基本信息（主题、日期、参与者）
2. 讨论的主要议题（按重要性排序）
3. 每个议题的关键讨论要点和不同意见
4. 所有达成的决策和共识
5. 行动项目清单（包括负责人和截止日期）
6. 下次会议安排和预计议程

请使用简洁专业的语言，删除闲聊和不相关内容，保留所有重要数据和关键信息。格式要清晰易读，适合邮件分发给所有与会者。

原始会议记录如下：

【粘贴会议记录原文】

第二章 日常工作应用——办公效率翻倍技巧

通过这种结构化的请求，DeepSeek 能够从混乱的原始记录中提取有价值的信息，去除冗余内容，形成一份专业、有条理的会议纪要。

💡 应用案例：销售部门周会记录整理

一位销售总监每周一都要主持销售部门周会，会后有一份由语音识别软件自动转写的文字记录，内容杂乱且包含大量口语化表达。过去，他可能需要花费近一小时整理这些记录形成正式会议纪要。现在，他只需将原始记录复制后提交给 DeepSeek：

下面是一部分原始的记录片段：

李总：嗯，大家早上好，今天是3月10号，咱们照例先说一下上周的情况吧。王工，你先说一下你那边的进展。

王工：好的李总，上周我这边最大的进展就是那个一直谈了快三个月的制药厂客户终于签了，就是那个传说中的华鑫制药，合同金额320万。他们对我们的方案还是比较满意的，不过他们那边领导特别强调了一点，就是要求交付周期要缩短，原来咱们说的是三个月，他们希望能在两个月内完成。

……

整理后的会议纪要如下（部分）：

销售部门周会纪要

会议基本信息　会议主题：项目进展汇报与客户需求讨论

日期：2025年3月10日　主持人：李总监　参与人员：王工、小张、小李及全体销售部门成员

· 29 ·

一、上周业绩回顾

1. 重大进展：成功签下华鑫制药客户合同，金额 320 万元（负责人：王工）

— 客户对方案表示满意

— 挑战：客户要求将交付周期从三个月缩短至两个月

……

二、市场拓展规划

1. 华南区市场开拓提案

— 背景：刘总提出开拓广州等华南市场

— 初步分析：医疗信息化市场成熟，竞争激烈

— 机会点：利用现有人脉资源（广医三院、南方医科大附一院）作为切入点

— 行动项：准备华南区市场拓展初步计划（负责人：小李，截止日期：3 月 17 日）

……

这份整理后的会议纪要不仅保留了所有关键信息，还以结构化的方式呈现，突出重点和行动项，使团队成员能够清晰了解各自责任和后续工作安排。李明现在只需花 5 分钟审核并微调 DeepSeek 生成的纪要即可完成过去近一小时的工作。

长文档总结技巧

面对冗长的研究报告、行业白皮书或学术论文，传统阅读方式既耗时又可能遗漏关键信息。DeepSeek 可以帮助你按不同层次和角度进行总结，迅速把握核心内容。

对于长篇文档，可以使用以下多层次总结请求：

请帮我对以下行业报告进行多层次总结，以满足不同阅读需求：

1. 核心观点提取（一句话总结，20字以内）

2. 执行摘要（200字左右，适合决策者快速阅读）

3. 结构化详细总结（按报告原有章节结构，每章节100字左右，总计500—800字）

4. 关键数据与图表要点提取（以要点形式列出最重要的数据和发现）

5. 对【你的行业/公司】的潜在影响与启示（200字左右，提供个性化见解）

报告内容如下：

【粘贴需要总结的报告】

通过这种分层次的总结方式，你可以根据实际需求选择合适的摘要层级：匆忙中可以阅读一句话总结，准备会议前可以查看执行摘要，需要深入了解则可以阅读完整版详细总结。这大大提高了信息获取和利用效率。

有效提取文档要点

在处理大量文档时，有时我们只需关注特定类型的信息。DeepSeek 可以像一个精确的信息过滤器，帮你从文档海洋中提取特定要素。

请从以下产品设计文档中精确提取：

1. 所有功能需求点（以优先级排序）

2. 技术规格与系统要求

3. 所有提到的具体截止日期和时间节点

4. 项目相关方及其职责分配

5. 已识别的风险点及缓解措施

6. 所有待定决策事项

请保持原文的专业术语，使用清晰的分类和编号，确保不遗漏任何关键信息。结果需要便于直接用于项目规划和跟踪。

文档内容：

【粘贴文档内容】

这种定向提取的方法尤其适用于需要从冗长文档中快速获取特定信息的场景，如项目启动、产品开发或研究分析。通过明确指定需要提取的信息类型，DeepSeek 能够如同专业助理般精准筛选，大幅降低信息处理负担。

跨文档信息整合

当面对多个相关文档需要综合分析时，传统方法往往需要反复切换并手动整合，既耗时又容易遗漏。DeepSeek 可以帮助你同时处理多份文档，提取并整合关键信息。

请帮我分析以下三份文档，它们分别是：产品规划、市场调研报告和技术可行性评估。请：1. 识别三份文档中的共同主题和关键点；2. 找出文档之间的不一致或潜在冲突点；3. 提取所有文档中提到的关键决策和风险因素；4. 基于所有文档综合信息，生成一份产品开发 SWOT 分析；5. 提出 5 个基于综合信息的关键问题，这些问题需要团队进一步讨论和明确。

文档内容如下：

产品规划文档

【文档 1 内容】

市场调研报告

【文档 2 内容】

技术可行性评估

【文档 3 内容】

通过这种整合分析，DeepSeek 可以在几秒钟内完成人工需要数小时的信息整合工作，帮助你获得全面、立体的视角，发现单独阅读时可能被忽略的关联和矛盾点。

三、Excel 分析、图表生成与数据解读

数据处理是现代工作环境中不可避免的任务，无论你是销售人员需要分析业绩数据，还是市场专员需要理解消费者行为，抑或是财务人员需要处理复杂报表，DeepSeek 都可以成为你的数据分析助手，帮助你处理 Excel 相关任务，让数据分析变得轻松高效。

Excel 公式生成与解释

Excel 拥有强大的公式功能，但对于普通用户而言，复杂公式的创建和理解往往是一大挑战。DeepSeek 可以将你的普通语言需求转化为精确的 Excel 公式。

请帮我创建一个 Excel 公式，用于计算销售团队的季度绩效奖金。条件如下：

－基本规则：销售额达到目标的 80% 以下，没有奖金

－销售额在目标的 80%—100% 之间，奖金为销售额的 5%

－销售额超过目标，奖金为销售额的 8%，超额部分额外奖励 10%

－修正系数：客户满意度评分若低于 4 分（满分 5 分），最终奖金减半

－团队协作评分若高于 4.5 分（满分 5 分），最终奖金增加 10%

请提供完整公式及每个部分的解释，假设相关数据分别位于

以下单元格：

A2：销售员姓名

B2：实际销售额

C2：销售目标

D2：客户满意度评分（1—5分）

E2：团队协作评分（1—5分）

DeepSeek的回答将包含完整公式及其逻辑解释（部分）：

Excel销售奖金计算公式

完整公式

=IF［B2<0.8*C2, 0, IF（B2<=C2, B2*0.05, C2*0.08+（B2-C2）*0.1）］*IF（D2<4, 0.5, 1）*IF（E2>4.5, 1.1, 1）

公式逻辑解释

1. 基础奖金计算部分

IF［B2<0.8C2, 0, IF（B2<=C2, B20.05, C2*0.08+（B2-C2）*0.1）］

— 第一层IF：检查销售额（B2）是否低于目标（C2）的80%

— 如果是：奖金为0；如果否：进入第二层判断

— 第二层IF：检查销售额是否在目标的80%—100%之间

— 如果销售额≤目标：奖金为销售额的5%（B2*0.05）

— 如果销售额>目标：基础奖金为目标额的8%（C2*0.08），超额部分奖励10%（（B2-C2）*0.1）

……

💡 应用案例：销售数据分析与预测

一位市场部经理每季度需要分析销售趋势并向管理层提交预测报告。过去，他需要花费整整两天时间整理数据、寻找趋势、建立预测模型。现在，他只需将销售数据提交给 DeepSeek：

请帮我分析以下季度销售数据，并提供全面分析和预测：
1. 数据趋势分析（季节性模式、同比增长率、销售波动性）；
2. 2025 年各季度的销售预测（基于历史数据模式）；
3. 提升销售的三个具体策略建议（针对我司电子消费品行业）；
4. 适合向管理层展示的数据可视化方案建议。

（输入原始数据信息）

DeepSeek 的分析结果如下（部分示例）：

电子消费品季度销售数据分析与预测

一、数据趋势分析

1. 季节性模式

— 明显的季节性波动：每年形成"高—低—高"的波动模式

— Q2 和 Q4 为销售高峰期，Q1 和 Q3 相对较低

— Q4 通常是全年销售最高点（可能受节假日购物季影响）

— Q3 始终是销售低谷（可能受夏季消费淡季和新品发布前等待期影响）

2. 同比增长情况

— 2024 年各季度销售额均高于 2023 年同期

— 平均同比增长率为 14.1%

……

这份分析报告不仅包含了数据洞察、科学预测和具体策略建议,还提供了适合向管理层汇报的可视化方案。只需稍作调整,即可在管理层会议上呈现专业水准的分析报告,大大提高了工作效率和专业形象。

数据可视化建议与讲故事

数据分析不仅是数字的堆砌,更是讲述数据背后故事的艺术。虽然 DeepSeek 目前不能直接生成图表图像,但可以提供专业的数据可视化指导,帮助你设计最有效的图表类型和展示方式。

> 我需要在下周的销售季度会议上展示我们的业绩数据。请根据以下数据类型,推荐最合适的图表类型和设计方案:
> 1. 各销售区域的贡献比例(华北 25%,华东 40%,华南 20%,西部 15%)
> 2. 过去 12 个月的月度销售额和目标完成率
> 3. 五大产品线的销售额、毛利率和同比增长率对比
> 4. 销售额与营销投入的相关性分析(12 个月数据)
> 5. 三种客户类型的购买频率和客单价分布
> 请说明每种情况的最佳图表类型、关键设计要素和配色建议,以及如何通过这些图表讲述一个连贯的业绩故事。

DeepSeek 会提供专业的数据可视化建议,涵盖图表类型选择、设计要点和数据叙事策略,帮助你制作既美观又有说服力的数据演示。

四、制作专业 PPT、报告和方案

在职场中，高质量的 PPT 演示、专业报告和方案文档往往是展示个人专业能力和推动项目进展的关键。DeepSeek 可以帮助你高效创建各类专业文档，包括内部汇报、客户提案及项目计划等。

PPT 内容策划与大纲设计

制作专业 PPT 的第一步是确定清晰的结构和逻辑框架。DeepSeek 可以帮助你规划整体框架，确保内容完整且有说服力。

假如，当我们需要为公司新的员工培训系统做一个 15 分钟的演示 PPT，目标是说服管理层投资这个新系统，以提高培训效率和员工留存率。你可以给 DeepSeek 输入如下需求。

> 我需要为公司新的员工培训系统做一个 15 分钟的演示 PPT，目标是说服管理层投资这个新系统，以提高培训效率和员工留存率。请帮我设计一个专业的 PPT 大纲，包括：
> 1. 演示的整体结构和关键页面
> 2. 每页的核心信息和关键点
> 3. 适合的数据可视化建议
> 4. 开场和结束的有力方式
> 5. 可能的反对意见及应对策略
>
> 背景信息：……

DeepSeek 会提供一份详细的 PPT 策划方案，包括整体结构、页面规划、核心信息点、开场和结束策略，以及可能的反对意见应对方法。这种全面的策划使你能够快速构建一个结构完整、逻辑清晰、具有说服力的专业演示。

商业报告和方案撰写

除了 PPT 之外，商业报告和方案文档是职场中的另一类重要文档。DeepSeek 可以帮助你起草各类专业报告，从市场分析到项目提案，从可行性研究到战略规划。

如果你要起草一份产品上市计划书，内容是将在下个季度推出一款智能家居控制中心产品，可以给 DeepSeek 输入如下需求。

> 请帮我起草一份产品上市计划书，我们将在下个季度推出一款智能家居控制中心产品。计划书需要：
> 1. 包含完整的市场分析、目标客户群体、竞品比较和定位策略
> 2. 详细的营销推广计划，包括线上线下渠道策略
> 3. 上市时间表和关键里程碑
> 4. 销售预测和财务预估
> 5. 风险评估和应对措施
>
> 我们的产品名为……

DeepSeek 会根据你提供的信息，起草一份结构完整、内容专业的产品上市计划书，你只需根据实际情况进行审阅和调整即可。

应用案例：营销方案的快速生成

一位营销经理需要为新产品线制定一份全渠道营销方案，但团队时间紧张，用传统方式可能需要一周时间才能完成初稿。她决定借助 DeepSeek 加速这一过程：

请帮我制定一份护肤品新产品线的全渠道营销方案。

产品背景：

— 产品线名称："纯净之源"

— 产品定位：主打"零添加、轻负担"理念的敏感肌护肤系列

— 核心产品：洁面乳……

— 目标人群：25—40 岁，都市白领女性，敏感肌或追求简约护肤的用户

— 竞争格局：市场已有理肤泉、薇诺娜等医学护肤品牌，但价格偏高；国货品牌多定位油皮，敏感肌产品较少

— 预算：首季度营销预算 XXX 万元

— 发布时间：20XX 年 XX 月

方案需要包含：1. 产品核心卖点及传播策略；2.……

通过 DeepSeek，她很快就获得了一份结构完整、内容丰富的营销方案初稿。以下是方案的部分内容：

"纯净之源"敏感肌护肤系列全渠道营销方案

一、产品核心卖点提炼及传播策略

1. 核心卖点金字塔

第一层级（功能价值）：

七大零添加体系（无酒精/香精/防腐剂/矿物油等）

三重屏障修护技术（国家专利认证）

临床测试验证：72小时持续舒缓泛红

……

  这份方案中还包括了详细的全渠道营销规划、内容创作方向、推广节奏、效果评估指标和预算分配建议等完整内容。对照公司实际情况进行适当调整，即可在团队会议上提出一份专业完善的营销策略，大大缩短了方案准备时间。如果对方案哪一部分不太满意，只需要告诉DeepSeek需要更改的部分，DeepSeek还会通过上下文关联进行更改调整。

五、AI 辅助的邮件模板与回复技巧

邮件沟通是职场中不可避免的日常任务，但撰写专业、得体、有效的邮件往往耗费大量时间和精力。DeepSeek 可以成为你的邮件写作助手，帮助你起草各类专业邮件，从客户沟通到内部协作，从会议安排到项目跟进。

客户沟通邮件模板

与客户的邮件沟通既需要保持专业性，又要体现个性化和关怀。DeepSeek 可以帮你创建各种客户沟通场景的邮件模板：

请帮我创建一系列与客户沟通的邮件模板，包括：
1. 首次接触潜在客户的介绍邮件；2. 产品/服务介绍及方案建议邮件；3. 跟进未回复客户的礼貌提醒邮件；4. 项目进度更新邮件；5. 处理客户投诉的回应邮件；6. 服务/项目完成后的满意度调查邮件。

我们是一家企业软件开发公司，主要为中小型企业提供定制化的管理系统解决方案。

邮件风格要专业、友好，简洁且信息充分，每个模板都应有可定制部分以便针对不同客户进行个性化。

DeepSeek 会为你创建一套完整的客户邮件模板库，涵盖客户关系全生命周期的各个阶段，你只需根据具体客户情况进行适当调整即可使用。

应用案例：棘手邮件的巧妙回复

项目经理收到了一封较为棘手的客户邮件，对项目延期表示不满并暗示可能取消合作。他需要快速而妥善地回应，于是向 DeepSeek 寻求帮助：

请帮我回复以下客户邮件。这是一个重要客户，但我们确实因技术原因导致项目延期两周。我需要表达歉意，又要保持专业，同时提出具体补救方案挽回客户信任。

客户邮件内容："王经理，我方对贵公司近期的项目进度表示严重关切。根据合同，系统主模块应于本月 15 日交付，但昨天您团队通知可能延期两周。这严重影响了我们的业务规划和市场活动安排。如果无法按时交付，我们不得不重新评估与贵公司的合作关系。请尽快给出明确解释和具体解决方案。"

补充背景：延期原因是我们发现了一个严重的安全漏洞，需要重构部分代码。我们可以提供以下补偿方案：

1. 免费延长两个月的技术支持
2. 优先分配两名高级工程师专职处理他们的需求
3. 下一阶段开发给予 10% 折扣

DeepSeek 会帮助起草一封专业、诚恳且有建设性的回复邮件，既承认问题，又提出解决方案，同时强调长期合作价值，有效挽回客户信任。

团队协作邮件技巧

除了客户沟通，内部团队协作的邮件同样关键。合理的邮件格式和内容可以提高沟通效率，减少误解，推动工作进展。DeepSeek 可以帮助你打造更高效的团队邮件：

请帮我优化以下团队协作邮件，使其更加清晰、有条理，并突出关键信息和行动项。

原邮件："大家好，关于下周的产品发布，还有一些事情需要确认。市场部需要最终的产品规格和宣传点，设计部要提交最终的包装设计，销售部需要确认促销方案，技术部要确保网站更新准备就绪。此外，我们还需要安排一次内部培训，时间待定。发布会场地已经预订好了，是市中心的希尔顿酒店。如有问题请及时联系我。谢谢！"

DeepSeek 会重新组织邮件内容，使用明确的结构、标题、编号和突出格式，让信息更易于理解和执行，大大提升团队协作效率。

通过以上方法，DeepSeek 可以帮助你显著提升日常工作效率，让复杂的办公任务变得简单高效。无论是数据分析、文档处理、方案撰写还是沟通协作，AI 都能成为你的得力助手，让你腾出更多时间专注于真正需要人类创造力和判断力的工作。

第三章 提升 DeepSeek 输出质量
——实用提示词技巧

前面我们学习了如何用简单语言让 DeepSeek 理解需求，掌握了会议记录整理、文档总结等基本应用技巧。本章将进一步深入，探讨如何通过精心设计的提示词（Prompt）显著提升 DeepSeek 输出质量，让 DeepSeek 从一个基础助手升级为专业级输出工具。

一、万能指令模板，轻松套用各类场景

在日常工作中，我们经常需要处理相似类型但内容各异的任务。设计一套结构化的指令模板，不仅能节省你每次构思提示词的时间，还能确保获得一致高质量的 DeepSeek 回复。

万能提示词框架：CRISPE 模型

CRISPE 模型是一个通用的提示词框架，适用于大多数工作场景。它由五个关键部分组成：

C（Capacity）：角色与能力 —— 告诉 DeepSeek 它应该扮演什么角色

R（Request）：具体请求 —— 明确你需要 DeepSeek 完成的具体任务

I（Information）：背景信息 —— 提供相关的背景和数据

S（Style）：风格指导 —— 指定输出的语言风格和格式

P（Parameters）：参数设置 —— 设定长度、结构等具体参数

E（Example）：示例参考 —— 提供样例说明期望的输出格式

以下是 CRISPE 模型的通用 DeepSeek 对话模板：

我希望你扮演【角色】，帮我【任务描述】。
背景信息：【提供相关背景、数据或资料】
请按照以下要求完成：
1.【要求1】

2.【要求2】

3.【要求3】

输出风格:【专业/通俗/幽默等】,适合【目标受众】阅读

输出格式:【总字数/结构安排/段落要求/格式要求等】

参考示例:【提供输出样例或参考格式】

这种模板几乎适合所有工作场景,无论是写报告、准备演讲稿、草拟邮件,还是分析数据、提出方案,都能轻松套用。

不同场景的专用模板

除了通用模板,为特定工作场景定制的提示词模板,能更精准地满足特定需求。以下是几个常见工作场景的专用与 DeepSeek 对话形式:

会议总结:

请以【会议记录员/项目经理】的身份,将以下会议内容整理为结构清晰的会议纪要。

会议基本信息:

- 主题:【会议主题】

- 时间:【会议时间】

- 参与者:【参与人员】

请包含以下内容:

1. 会议目的及议程回顾

2. 关键讨论要点(按议题分类)

3. 重要决策及共识

4. 行动项目清单(包含负责人和截止日期)

5. 未解决问题及后续计划

6. 下次会议安排

格式要求：使用 markdown 格式，重点加粗，行动项目使用复选框格式。总长度控制在【字数】字以内。

输出风格：专业、简洁、重点突出，移除闲聊内容，保留所有业务关键信息。

产品方案写作：

请作为【产品经理/解决方案专家】，帮我起草一份【产品名称】的方案文档。

产品/项目背景：

【详细描述产品背景、目标、面临的挑战等】

目标用户/客户：

【描述目标用户群体特征、需求和痛点】

请包含以下部分：

1. 执行摘要（简明扼要的概述，200 字左右）

2. 市场分析与机会点（包括竞品分析）

3. 产品/方案详述（功能、特性、优势）

4. 实施计划与时间线

5. 资源需求与预算估计

6. 预期效果与评估指标

7. 风险分析与应对策略

格式要求：分级标题结构，适合决策者快速阅读，总长度【字数】字左右。

每个部分尽量图文结合，使用要点和表格提高可读性。

风格要求：专业、数据驱动、解决方案导向，避免过多技术术语，确保管理层容易理解。

💡 应用案例：市场分析报告的快速生成

比如，一位市场分析师需要针对智能家居行业编写一份市场趋势分析报告，时间紧迫。过去，这样的报告可能需要他花费两三天收集资料和撰写。现在，他尝试使用专用模板向 DeepSeek 提问：

请作为资深市场分析师，为我准备一份2025年中国智能家居市场趋势分析报告。

背景信息：

— 我是某科技公司的产品策略部门负责人

— 我们计划在今年 Q3 推出新一代智能家居控制中心

— 需要了解市场规模、增长趋势、消费者行为变化、主要竞争格局和技术发展方向

请包含以下内容：

1. 市场概览与规模预测（2023—2025）

2. 消费者行为洞察与需求变化

3. 主要玩家分析（包括传统巨头和新兴创业公司）

4. 技术趋势与创新方向

5. 潜在机会点与风险因素

6. 对我司产品策略的启示与建议

输出格式：

— 分级标题结构，适合决策层快速阅读

— 每个部分控制在 300—400 字

— 总长不超过 3000 字

— 关键数据使用项目符号或表格形式呈现

— 建议部分使用 SWOT 分析框架

风格要求：专业、客观、数据驱动，同时保持清晰易懂，避

免过多专业术语。

DeepSeek 生成的报告摘要部分如下：

2025 年中国智能家居市场趋势分析报告

执行摘要

中国智能家居市场正处于爆发增长前夜。2023 年市场规模达到 1560 亿元，同比增长 24.8%，预计到 2025 年将突破 2800 亿元。随着 DeepSeek 技术融合加速和消费者对智能场景需求的提升，新一代智能家居控制中心成为行业竞争焦点。传统家电巨头与科技公司形成双强格局，同时垂直领域创新企业异军突起。

本报告分析了市场规模与增长动力、消费者行为变化、竞争格局演变和技术创新趋势，并提出针对贵公司新产品的战略建议。核心发现指向以场景为中心、隐私保护强化和开放生态三大方向，建议贵司产品布局着重差异化竞争策略与生态建设，以避开巨头正面竞争。

一、市场概览与规模预测

……（完整报告内容）

取得 DeepSeek 生成的这份结构清晰、内容专业的分析报告后，只需根据公司内部数据进行适当补充和调整，便完成了一份高质量的市场分析报告，整个过程仅用了几个小时。模板化的提问大大提高了 DeepSeek 输出的质量和针对性，使其真正成为专业人士的得力助手。

二、复杂任务的简化处理方式

前面我们了解了分步骤引导 DeepSeek 的重要性。我们现在更深入地探讨如何将复杂任务分解为可管理的组件，使 DeepSeek 能够以最优方式处理各类复杂需求。

任务分解法：将大任务拆分为小步骤

复杂任务往往包含多个需要独立思考的环节，有时候一次性要求 DeepSeek 完成整个任务会导致输出质量不佳。任务分解法允许你引导 DeepSeek 按照最合理的顺序，逐步处理问题的各个方面。

任务分解四步法：

1. 分析任务组成：确定复杂任务包含哪些独立组件
2. 确定逻辑顺序：安排各组件的处理顺序，确保前一步输出能为后续步骤提供基础
3. 设计中间检查点：在关键环节设置验证步骤，确保方向正确
4. 串联整体流程：将各步骤有机连接，形成完整解决方案

例如，如果你需要开发一个新产品的营销策略，可以将任务分解为：

> 我需要为一款新上市的智能跑鞋开发完整的营销策略。请按照以下步骤帮我完成：
>
> 步骤1：分析目标用户画像
>
> — 请根据"智能跑鞋"这一产品特性，分析3—5个可能的目标用户群体

——描述每个用户群体的人口统计特征、行为习惯、痛点需求和购买动机

步骤2：基于用户画像，提出产品独特卖点

——分析每个用户群体最看重的产品价值

——提出3—5个针对性的产品卖点，并按优先级排序

步骤3：制定营销渠道策略

——基于用户画像，推荐最有效的接触渠道组合

——为每个渠道设计简要的内容方向和投放策略

步骤4：创意概念与活动框架

——提出1—2个核心创意概念，贯穿整体营销活动

——设计一个6个月的营销节奏框架

我们的产品定价在1200—1500元区间，主打健康监测、智能训练计划和专业跑姿分析功能，目标是首年销售10万双。

这种分步骤的提问方式使DeepSeek能够逐一处理任务的各个层面，每一步都基于前一步的输出成果，最终形成一个连贯、完整的解决方案。

链式思维法：让DeepSeek展开逻辑推理

对于需要深度思考和分析的复杂问题，引导DeepSeek展开链式思维非常有效。这种方法鼓励DeepSeek先理解问题本质，然后按照合理的推理过程得出结论。

以解决业务问题为例，可以使用以下对话提示：

请作为【商业顾问/战略专家】帮我解决以下业务挑战。请使用链式思维，按照以下步骤分析问题并提出解决方案：

业务挑战：【描述你面临的具体商业问题】

分析步骤：

1. 问题界定：请重新表述这一挑战，确保我们对问题有准确理解

2. 根本原因分析：探究问题背后可能的原因（至少3—5个），并评估每个原因的可能性和影响程度

3. 解决方案头脑风暴：针对每个主要原因，提出2—3个可能的解决方案

4. 解决方案评估：对每个方案从实施难度、资源需求、预期效果和潜在风险四个维度评分（1—5分）

5. 行动计划：选择最优方案，并提出具体实施步骤

附加信息：【提供任何可能帮助分析的背景信息、数据或限制条件】

这种链式思维模板特别适合分析复杂业务问题、制定战略决策或解决组织管理挑战。它确保 DeepSeek 不会直接跳到结论，而是通过系统性思考过程得出合理建议。

应用案例：解决销售团队业绩下滑问题

一位销售总监最近面临团队业绩连续三个季度下滑的问题，需要找出原因并制定改进计划。他使用链式思维法向 DeepSeek 寻求帮助：

请作为销售管理顾问，帮我分析并解决销售团队业绩下滑问题。使用链式思维分析问题并提出解决方案。

业务挑战：我们公司销售团队在过去三个季度销售额持续下降，从 Q1 的 980 万降至 Q3 的 680 万，下滑超过 30%。团队结构和销售目标没有变化，但团队士气明显受到影响。

分析步骤：

1. 问题界定：请重新表述这一挑战，确保我们对问题有准确理解

2. 根本原因分析：探究销售下滑背后可能的原因，并评估每个原因的可能性和影响程度

......

附加信息：

— 销售团队组成：1位销售总监（我），4位销售经理，20位销售代表

......

DeepSeek 的分析摘要如下：

销售团队业绩下滑问题分析与解决方案

一、问题界定

贵公司销售团队面临的核心挑战是：在产品质量稳定且市场份额未显著变化的情况下，销售业绩在三个季度内快速下滑超过30%（980万降至680万），同时伴随销售人员流失率显著上升（5%到15%）和团队士气低落。这表明问题可能主要源自内部销售运营、团队管理或对市场变化的响应能力，而非产品本身的竞争力。

......

三、解决方案头脑风暴

……（完整解决方案内容）

这份分析报告清晰地分析了业绩下滑的可能原因及其影响程度，并提供了针对性的解决方案和具体实施计划。通过引导 DeepSeek 进行链式思维，得到的不是简单的表面建议，而是深入分析问题本质并提供系统解决方案的完整思路。

三、提供样例让 DeepSeek 明白你的期望

"知其然"不如"知其所以然"。当你希望获得特定风格或结构的输出时，直接提供一个良好样例通常比长篇描述更有效。本小节将探讨如何通过样例引导 DeepSeek 生成符合你期望的高质量内容。

样例驱动法：以范例引导输出风格

样例驱动法是一种强大的技巧，通过向 DeepSeek 展示一个或多个理想输出样例，让 DeepSeek 理解你的具体期望。这种方法尤其适用于风格特定的写作任务、格式要求严格的文档或特定领域的专业内容。

基本对话提示如下：

请按照以下样例的风格和结构，为我创建【具体要求的内容】。
样例：
【提供一个或多个符合你期望的样例】
我需要的具体内容是：
【详细描述需要 DeepSeek 创建的内容】
请特别注意样例中的以下特点：
1.【特点一，如语言风格、术语使用等】
2.【特点二，如段落结构、论证方式等】
3.【特点三，如专业深度、数据引用方式等】

这种方法减少了误解的可能性，让 DeepSeek 能够更准确地捕捉你期望

的风格和结构细节。

多重样例法：定义输出上下限

当你对输出有特定要求，但又难以用语言精确描述时，可以使用多重样例法。这种方法通过提供多个样例（理想样例、接受样例和不可接受样例），帮助 DeepSeek 理解你期望的输出范围。

> 我需要你帮我写【具体任务】。为了让你明确了解我的期望，我将提供三类样例：
>
> 优秀样例（我期望的理想输出）：
> 【提供一个高于期望的优秀样例】
>
> 可接受样例（满足基本要求）：
> 【提供一个达到最低要求的样例】
>
> 不可接受样例（低于我的期望）：
> 【提供一个不符合要求的样例】
>
> 请基于以下信息，创建一份接近"优秀样例"水平的内容：
> 【提供需要 DeepSeek 处理的具体信息和要求】

这种方法特别适用于教学内容、销售文案、客户沟通等对风格和质量有明确期望的场景。

应用案例：产品说明书的精准撰写

一位产品经理需要为公司新推出的智能音箱撰写产品说明书，希望说明书既能体现产品的技术优势，又能以简洁易懂的方式吸引普通消费者。他使用样例驱动法向 DeepSeek 提问：

请按照以下样例的风格和结构，为我们的新产品"XXX智能音箱"创建一份产品说明书。

样例（来自市场上备受好评的产品）：

XXX空气净化器：呼吸，从纯净开始

XXX不只是一台空气净化器，它是您家庭健康的守护者。采用独创的三层过滤技术，能有效去除99.97%的PM2.5颗粒物、花粉、宠物皮屑和异味，为您创造一个纯净的生活空间。

核心科技，超凡净化

……

简约设计，融入生活

简洁的北欧风设计，柔和的曲线轮廓，无论置于哪个角落，都是家居装饰的点睛之笔。小巧机身蕴含强大能力，适合25—40平方米空间使用。

产品规格

·尺寸：直径25cm，高45cm

·净化效率：CADR值350m³/h

·适用面积：25—40平方米

……

我们的产品信息：

－产品名称：XXX智能音箱

－核心功能：360°全景声音、智能语音助手、智能家居控制中心、多房间音乐同步

……

请特别注意样例中的以下特点：

1. 开场有情感连接，不仅描述产品，而是描述体验

2. 技术参数与生活场景结合，让专业指标变得有意义

3. 分区明确，层次清晰，方便用户快速了解产品特点

4. 语言平衡技术性和可读性，既专业又不艰深

DeepSeek 生成的产品说明书（部分）：

XXX 智能音箱：音乐，由你定义未来

XXX 不只是一款音箱，它是您生活方式的革新者。突破性的 360° 全景声技术将您置于音乐的中心，而智能语音助手则将您从烦琐操作中解放出来。作为家庭智能中枢，它重新定义了人与科技、空间与声音的关系。

沉浸音效，触手可及

· 360° 全景声音：无论您在房间何处，都能享受均衡细腻的音质体验，仿佛音乐就在身边流动

· 环境自适应技术：智能分析房间声学特性，实时调整音效参数，确保在任何空间都能呈现最佳音质

· 静谧降噪：7 麦克风阵列精准捕捉您的声音，即使在嘈杂环境中也能听懂您的指令

……（完整内容）

这份产品说明书完美捕捉了样例的风格和结构，同时准确反映了产品特点。通过提供一个优质样例，不必详细解释"使用温暖而专业的语言"或"技术与情感并重"等抽象要求，而是通过具体范例让 DeepSeek 理解了你期望的输出风格。

四、让 DeepSeek 扮演专家角色

当我们需要特定领域的专业意见时，指示 DeepSeek 扮演相关领域的专家角色，可以显著提升输出的专业性和实用性。这种角色扮演引导 DeepSeek 从特定专业视角思考问题，提供更有深度和针对性的解决方案。

专家角色法：引导专业思维模式

专家角色法的基本思路是：明确指定 DeepSeek 扮演的专家身份，提供足够的背景信息，并设定具体的输出期望。这样可以激活 DeepSeek 基于特定领域的知识储备，以专业人士的思维模式分析和解决问题。

基本对话提示如下：

请以【专家角色】的身份，为我分析并解决以下问题。

背景：【问题背景和情境描述】

问题：【具体问题或挑战】

请从以下方面提供专业建议：

1. 【需要专家分析的方面一】
2. 【需要专家分析的方面二】
3. 【需要专家分析的方面三】

……

理想输出：

【描述期望的输出格式、长度、专业程度等】

如果需要任何额外信息来完善分析，请告诉我。

可以指定的专家角色几乎涵盖所有专业领域，例如：
- 企业领域：管理顾问、风险投资人、创业导师、战略规划师
- 技术领域：系统架构师、数据科学家、网络安全专家
- 营销领域：品牌策略师、内容营销专家、社交媒体顾问
- 财务领域：财务分析师、投资顾问、税务专家
- 法律领域：合同律师、知识产权专家、合规顾问
- 教育领域：课程设计专家、教学方法学家、教育心理学家

多专家协作法：获取多维视角

对于复杂问题，单一专家视角可能不足以全面分析。多专家协作法通过让 DeepSeek 模拟多位不同领域专家的思考过程，提供多维度的分析和建议。

请模拟一个专家小组讨论，分析解决以下问题：

问题：【详细描述问题或挑战】

请让以下专家各自从其专业角度提供见解：

1.【专家角色一】：关注【该专家关注的关键点】

2.【专家角色二】：关注【该专家关注的关键点】

3.【专家角色三】：关注【该专家关注的关键点】

4.【专家角色四】：关注【该专家关注的关键点】

最后，请提供一个综合所有专家观点的整合方案，突出各专业视角的优势互补。

输出格式：

- 每位专家的分析使用标题区分
- 每位专家提供3—5点关键建议
- 综合方案应平衡考虑各专家观点
- 总字数控制在××字左右

这种方法特别适用于需要跨领域思考的复杂问题，如产品战略、企业转型、跨部门项目或市场扩张计划等。通过模拟不同专家的思考角度，获得更全面、更平衡的解决方案。

应用案例：产品创新战略制定

比如，一家科技公司产品总监需要为公司下一代智能手表制定创新战略。产品已有两代历史，但市场反馈褒贬不一，面临强劲竞争。使用多专家协作法向 DeepSeek 寻求帮助：

请模拟一个专家小组讨论，为我们的智能手表产品线制定创新战略。

背景：我们是一家中型科技公司，智能手表产品已有两代，当前产品主打健康监测和基础通知功能，市场份额约5%，面临来自大型科技公司和专业运动品牌的双重竞争。用户反馈显示我们的产品续航和健康数据准确性较好，但用户体验和生态系统较弱。

请让以下专家各自从专业角度提供创新战略建议：

1. 产品战略专家：关注产品定位和差异化战略

2. 用户体验设计师：关注交互设计和用户痛点解决

3. 技术创新专家：关注新技术应用和技术壁垒构建

4. 市场营销专家：关注目标用户细分和营销传播策略

最后，请提供一个整合所有专家观点的综合创新战略，突出可行性和差异化优势。

输出格式：

— 每位专家的分析使用标题区分

— 每位专家提供3—5点关键建议

— 综合方案应包含清晰的执行路径

— 总字数控制在2000字左右

DeepSeek 生成的部分分析如下：

智能手表产品线创新战略专家讨论

产品战略专家观点

作为产品战略专家，我建议采取"专注细分市场"策略，而非与科技巨头正面竞争。基于当前5%的市场份额和产品优势，推荐以下战略方向：

……

用户体验设计师观点

从用户体验角度看，当前市场上的智能手表普遍存在交互复杂、信息过载和个性化不足的问题。基于您产品的现状，我提出以下改进方向：

……

技术创新专家观点

技术创新必须服务于明确的产品差异化战略。基于您提到的健康监测优势，建议以下技术投入方向：

……

市场营销专家观点

市场定位和传播策略需要与产品战略和技术创新紧密协同。基于前述分析，建议以下营销方向：

……

综合创新战略

整合四位专家的建议，推荐采取"健康场景特化＋优质用户体验＋订阅服务模式"的综合创新路径：

……

这份综合战略通过聚焦特定市场、强化核心优势、优化用户体验和创新商业模式，为公司提供了一条避开与科技巨头正面竞争、实现差异化增长的可行路径。

这份分析报告从四个专业角度全面审视了产品创新策略，既有市场定位的宏观思考，也有用户体验的微观优化，还包含技术路线和市场推广的具体建议。通过多专家协作模式，获得了一份远比单一视角更全面、更具操作性的创新战略，为产品决策提供了坚实基础。当然，对DeepSeek给出的建议一定先进行论证与考查，如果DeepSeek给出了大家都满意的结果，可以小规模试点验证核心假设，获得初步成功后再全面推进。

五、如何有效指导 DeepSeek 改进初始内容

DeepSeek 生成的初稿往往需要进一步修改才能完全符合我们的期望。与其重新开始，不如学会有效地指导 DeepSeek 对已生成内容进行迭代优化。这里我们会探讨如何通过精确反馈和明确指导，让 DeepSeek 持续改进输出质量。

迭代优化法：从初稿到精品的进化过程

迭代优化是一种渐进式提升内容质量的方法，通过多轮对话不断细化和完善 DeepSeek 的输出。这种方法特别适用于复杂内容创作，如重要报告、专业文案或创意作品。

基本步骤如下：

1. 获取初稿：使用基本提示获取 DeepSeek 的第一版输出
2. 具体反馈：提供明确、具体的改进建议
3. 定向修改：要求 DeepSeek 针对特定方面进行修改
4. 评估改进：检查修改效果，确定是否需要进一步优化
5. 重复迭代：根据需要继续进行多轮改进

迭代优化对话提示：

　　我对你生成的【内容类型】有以下反馈，请进行有针对性的修改：

　　优点：

　　1.【列出内容的优点和亮点】

2. 需要改进的地方：

【具体问题一】：【详细解释问题所在】，希望修改为【期望的方向或效果】

【具体问题二】：【详细解释问题所在】，希望修改为【期望的方向或效果】

3. 其他建议：

【任何额外的修改建议或方向性指导】

请基于以上反馈对内容进行修改，保留原文的优点，同时解决指出的问题。

这种方法避免了笼统的"这不是我想要的，重新写"式反馈，而是提供了明确的改进方向，让 DeepSeek 能更精准地调整输出。

风格微调法：精确校准输出风格

有时，DeepSeek 生成的内容在结构和信息上已经符合要求，但语言风格或表达方式需要调整。风格微调法专注于内容的表达形式，而非实质内容。

风格微调对话提示：

我希望调整以下内容的表达风格，使其更加【目标风格特征】。当前内容是：

【粘贴需要调整的内容】

请按照以下风格指南进行调整：

1. 语气：【正式/友好/专业/随意等】

2. 句式：【简短有力/详细描述/平衡结合等】

3. 专业度：【增加专业术语/简化专业内容/保持平衡等】

4. 受众视角：【考虑目标读者的知识水平和期望】

5. 特殊要求：【任何其他风格要求】

请保持原文的核心信息和结构不变，仅调整表达方式和语言风格。

这种方法特别适用于需要针对不同受众调整同一内容的场景，如将技术报告转换为管理层简报，或将专业内容转换为面向大众的科普文章。

应用案例：销售文案的迭代优化

比如，一位内容营销经理负责为新上市的高端护肤产品撰写电商平台的销售文案。首先让 DeepSeek 生成了一份初稿，但感觉还不够有吸引力，于是他使用迭代优化法进行改进：

第一轮反馈：

我对你生成的护肤产品销售文案有以下反馈，请进行有针对性的修改：

优点：

1. 产品成分和功效说明专业清晰

2. 整体结构完整，包含了所有必要信息

3. 技术优势描述到位

需要改进的地方：

1. 情感连接不足：文案过于注重功能描述，缺乏情感共鸣和场景想象，希望增加一些能引起目标用户（25—35岁都市女性）共鸣的生活场景和情感触发点

2. 产品故事性不强：缺乏产品背后的品牌故事和研发理念，希望添加简短但有说服力的品牌叙事

3. 号召性不足：购买理由和紧迫感不够强，希望增强独特卖点（独家成分配方）的突出度，并增加限时促销等紧迫感元素

4. 词汇选择过于普通：某些描述较为平淡，希望使用更生动、感官化的形容词来描述产品体验和效果

其他建议：

增加2—3个真实用户见证或媒体推荐，提高可信度。

请保留原文的专业性和信息完整度，同时提升其情感感染力和说服力。

DeepSeek 根据反馈进行了修改，但该营销经理感觉语言风格还可以进一步优化，便提出了第二轮反馈：

谢谢修改，内容已经有很大改进，特别是情感连接和产品故事部分。现在我想进一步调整语言风格，使其更符合高端护肤品的定位：

请对文案进行风格微调：

1. 语气：保持优雅自信，避免过度营销感，像专业顾问而非推销员

2. 句式：适当增加一些简短有力的陈述句，制造节奏变化

3. 用词：使用更精致、高级的词汇，特别是描述质地和使用体验时

4. 感官描述：增强触感、视觉和气味的描述，创造更丰富的感官体验

5. 特殊要求：确保整体风格既现代又含蓄，符合"低调奢华"的品牌调性

请保持修改后的内容结构和信息点不变，仅优化语言表达。

经过两轮有针对性的反馈和修改，最终文案既保留了产品信息的专业性和完整性，又增加了情感共鸣和品牌故事，语言风格也更符合高端产品定位。整个过程中，营销经理不需要重新撰写内容，只需通过精确的反馈引导 DeepSeek 进行有针对性的优化，大大提高了内容创作的效率和质量。

从这个案例可以看出，有效的 DeepSeek 优化反馈应该：

- 肯定已有内容的优点，明确保留哪些元素
- 具体指出需要改进的方面，而非笼统评价
- 提供明确的修改方向和期望效果
- 分阶段进行不同层面的优化（先内容后风格）

通过这种系统性的迭代优化方法，可以将 DeepSeek 初始输出逐步打磨成符合专业标准和个人期望的精品内容。

第四章　专业场景实战
——实用提示词技巧职场应用实例

> 在前面的章节中，我们分别学习了如何让 DeepSeek 理解需求、如何应用 DeepSeek 处理日常工作任务及如何通过提示词技巧提升 DeepSeek 输出质量。本章将聚焦于职场专业场景，通过实战案例展示 DeepSeek 如何在各类职场环境中充当得力助手，显著提升工作效率。

一、让 AI 生成营销方案与活动策划

营销方案和活动策划是企业推广产品、提升品牌影响力的核心工作。一份优秀的营销方案需要市场洞察、策略思考、创意构思和详细执行规划，涵盖从市场分析到效果评估的完整闭环。传统营销策划往往需要团队成员反复头脑风暴、多轮修改和大量时间投入，这对于资源有限的中小企业或紧张的营销档期来说是巨大挑战。

借助 DeepSeek，营销人员可以将繁重的内容创建工作交给 DeepSeek，自己则专注于策略指导和创意判断，实现营销工作的高效协作。DeepSeek 能够基于产品特性和目标人群，快速生成结构完整、逻辑清晰的营销方案，为营销人员提供丰富的思路和灵感，大幅提升工作效率和创意水平。

全方位营销方案策划

一份专业的营销方案是营销活动的总纲，需要全面分析市场环境、明确定位目标受众、制定差异化策略、规划执行细节并设置评估标准。这样的方案既要有宏观视野，又要有操作细节；既要有创新思路，又要有可行路径；既要考虑品牌长期建设，又要兼顾短期销售目标。

通过结构化提问，可以引导 DeepSeek 生成既具备专业深度又符合实际需求的营销方案。关键在于提供足够具体的产品信息、目标受众特征和市场环境描述，以及明确期望的方案框架和重点关注领域。

例如，当描述产品优势时，不仅要列出功能特点，还应说明这些特点如何转化为用户价值；当描述目标受众时，除了人口统计学特征，还应包括其消费行为、生活方式和决策因素；当描述市场状况时，应明确主要竞

争对手的优劣势和市场格局的变化趋势。

这种结构化、多维度的信息输入能帮助 DeepSeek 生成更有针对性的营销方案，而不是泛泛而谈的通用内容。特别是对于特定行业或细分市场的产品，详细的背景信息至关重要。

专业对话提示：

请以资深营销策略专家的身份，为以下产品/服务制定一份全面的营销方案：

产品/服务信息：

名称：【产品/服务名称】

类别：【产品/服务类别】

核心优势：【列出3—5个主要优势，并说明这些优势如何转化为用户价值】

目标受众：【描述目标用户群体的人口特征、行为习惯、消费偏好、痛点需求】

价格定位：【价格区间及定位，与竞品比较】

当前市场状况：【市场规模、增长趋势、主要竞争对手、行业变化】

营销目标：

·短期目标：【3—6个月内希望达成的具体、可衡量的目标】

·长期目标：【12个月及以上的品牌建设和市场地位目标】

预算限制：

·【总体预算范围及各渠道分配偏好】

请在方案中包含以下部分：

1. 执行摘要（概述整体策略方向和预期成果）

2. 市场分析（目标市场规模、竞争格局、机会与威胁）

3. 目标受众画像（详细的人群细分和核心需求）

4. 品牌定位与价值主张（差异化竞争优势和核心传播信息）

5. 营销策略与渠道组合（线上线下渠道选择与协同）

6. 内容策略与创意方向（主要内容类型、关键信息点、创意表现）

7. 活动规划时间表（关键节点和里程碑）

8. 预算分配（各渠道和活动的资源分配）

9. 风险评估与应对计划（可能的挑战和解决方案）

10. 效果评估指标与测量方法（KPI 设定和追踪机制）

使用这种对话，可以获得一份 DeepSeek 生成的结构完整、内容专业的营销方案，只需根据实际情况进行针对性调整和深化，即可用于实际工作。与从零开始编写相比，这种方式可以节省 50%~70% 的方案准备时间，同时确保方案的专业性和全面性。

创意活动策划

在整体营销方案框架下，具体的创意活动是吸引目标受众、传递品牌信息、促进转化的关键触点。无论是新品发布、节日促销、品牌周年还是用户互动，精心策划的创意活动都能够在竞争激烈的市场中脱颖而出，为品牌赢得关注和好感。

活动策划是考验营销人员创意能力和执行力的重要环节，需要在有限的预算和时间内，设计出既符合品牌调性、又能引起目标受众共鸣的活动形式和内容。这往往要求营销人员进行多轮创意发想，不断打磨活动细节，以确保活动的新颖性和吸引力。

DeepSeek 在创意活动策划方面表现出色，可以基于产品特性和目标受众，提供多角度的创意思路和活动设计，帮助营销人员突破思维局限，发现更多可能性。特别是在以下几个方面，DeepSeek 可以提供有价值的支持：

1. 创意概念发想：根据品牌调性和产品特点，提供多样化的活动主题和创意方向

2. 活动形式设计：从线上互动到线下体验，提供适合产品特性的活动形式建议

3. 用户参与机制：设计能够激励目标用户主动参与和分享的互动机制

4. 内容规划：根据活动流程，规划所需的创意内容和物料

5. 传播策略：设计有效的传播路径，最大化活动影响力

6. 风险预案：预判可能的问题点，并提供应对策略

要充分发挥 DeepSeek 在活动策划中的价值，关键是提供足够明确的活动目标、品牌约束和目标受众信息。明确的边界条件不仅不会限制创意，反而能引导 AI 生成更有针对性、更具可行性的活动方案。

活动策划对话提示：

请作为活动策划专家，为【品牌/产品】设计一个创新的营销活动方案。

活动背景：

·品牌/产品介绍：【简要介绍品牌历史、调性和产品特点】

·活动目的：【提升品牌知名度/增加销售/促进用户互动等具体目标】

·目标受众：【详细描述目标群体的特征和行为习惯】

·活动时间段：【计划举办活动的时间段和重要节点】

·预算范围：【可用于此次活动的预算限制】

·品牌约束：【需要遵循的品牌调性和表现规范】

请在活动方案中包含以下内容：

1. 活动创意概念（核心创意和主题名称）

2. 活动形式设计（线上/线下/O2O 结合方式）

3. 用户参与路径（用户如何了解、参与和分享活动）

4. 传播策略（如何扩大活动影响力）

5. 活动时间线（从前期预热到后期评估的完整流程）

6. 预期效果与评估指标（如何衡量活动成功）

7. 创意物料建议（需要开发的主要创意内容）

8. 风险点与应对预案（可能遇到的问题及解决方案）

这种对话能帮助你获得一份创意独特且实用的活动策划方案，为品牌营销注入新鲜活力。特别是在创意发想阶段遇到瓶颈时，DeepSeek 可以提供多样化的思路，帮助你突破限制，发现更多营销可能性。

💡 应用案例：新品上市活动策划

如果我计划为一款新上市的防晒产品举办线上线下结合的营销活动。这款产品名为"清透无感防晒喷雾"，具有无油无感、质地透明、可喷于妆面、含抗污染和抗蓝光成分等特点。活动需要在夏季来临前预热，并在 6 月正式启动。

在多次尝试传统营销思路后，发现缺乏足够新颖的创意点来差异化这款产品。于是，我向 DeepSeek 提出以下请求，希望获得创新的活动策划思路：

> 请作为活动策划专家，为我们的新品"清透无感防晒喷雾"设计一个创新的上市营销活动方案。
>
> 活动背景：
>
> ・产品介绍：这是一款适用于面部和身体的 SPF50+ 防晒喷雾，特点是无油无感、质地透明、可喷于妆面、含抗污染和抗蓝光成分。
>
> ・活动目的：提升产品知名度，强调产品的便捷性和全面防

护特点，促进销售转化。

·目标受众：25—35岁都市女性，工作繁忙，注重肌肤健康，但厌烦烦琐的护肤步骤。

·活动时间：5月预热，6—8月正式活动。

·预算范围：50—80万元。

·竞品情况：市场上主要竞品多强调防护效果，较少突出使用便捷性。

DeepSeek生成的活动方案摘要如下：

"清透防护，触手可及"
—— 清透无感防晒喷雾上市活动策划

一、活动创意概念

"防晒闪现计划"：基于产品"随时随地、无感防护"的核心优势，创造一个围绕"闪现式防晒"的活动概念。通过设置城市中的"防晒补给站"和线上"防晒闪现挑战"，让目标用户体验产品的便捷性和高效性，同时创造社交媒体话题和分享动机。

二、活动名称与口号

名称："防晒闪现计划"

口号："三秒闪现，全天防护"

三、活动内容设计

·城市"防晒闪现站"

……

根据用户位置和天气数据，推送个性化的"防晒提醒"。

该活动方案巧妙结合了产品的核心优势（便捷、无感、全面防护）与目标用户的生活场景和需求点，创造了既有话题性又有实用价值的互动体验。"防晒闪现站"解决了产品体验问题，社交挑战满足了分享需求，而防晒地图则提供了持续互动的平台。

　　只需对方案进行一些细节调整，如增加销售转化环节和具体的KOL（关键意见领袖）合作规划，就可以形成一份可直接实施的活动方案。相比之前的常规思路，这份方案更具创新性和话题性，更能突出产品差异化优势，预计能取得更好的市场反响。

二、招聘文案、培训材料与员工反馈分析

人力资源工作是企业发展的基石,其核心职能包括吸引人才、培养能力和优化组织。这些工作往往需要大量的内容创作和资料准备,既要体现专业性,又要兼顾吸引力和实用性。DeepSeek 能够在招聘、培训和员工管理等人力资源核心工作中提供强大支持,帮助人力资源专业人员提升工作效率和内容质量。

吸引人才的招聘文案

优质的招聘文案是吸引合适人才的第一步。在人才竞争日益激烈的环境中,一份能够准确传达岗位价值、公司文化和发展前景的招聘文案至关重要。然而,传统的招聘文案往往存在内容单调、缺乏吸引力、无法突出职位亮点等问题。

招聘文案应当不仅仅是职责和要求的罗列,更应该是公司与潜在人才的初次"对话",需要平衡信息完整性与吸引力。DeepSeek 可以帮助企业招聘人员根据不同职位特点和目标候选人群体,快速生成既专业又有吸引力的招聘文案。

要获得高质量的招聘文案,需要向 DeepSeek 提供尽可能详细的背景信息,包括:

1. 公司概况:不仅是基本业务描述,还应包括企业文化、价值观和发展阶段
2. 团队情况:相关团队的规模、结构、工作氛围和主要成就
3. 职位详情:具体职责、挑战、影响范围和发展路径

4. **目标候选人画像**：理想候选人的技能背景、经验水平、性格特质和发展动机

5. **差异化优势**：公司或职位的独特吸引力，如成长空间、技术挑战或工作模式

一份优秀的招聘文案不只关注"公司需要什么"，更要清晰传达"应聘者能获得什么"，将职位要求与个人发展机会有机结合，激发目标人才的应聘兴趣。

招聘文案提示对话：

请作为资深招聘专家，为以下职位撰写一份吸引人才的招聘文案：

【基本信息】
公司名称：【公司名称】
行业领域：【公司所属行业】
公司规模：【员工数量及发展阶段】
公司文化：【企业文化特点和价值观】
职位名称：【职位全称】
工作地点：【城市或地区】
汇报对象：【直接上级职位】
团队情况：【所在团队的规模和构成】
【职位信息】
· 工作职责：【列出5—7项核心职责】
· 任职要求：【必备条件和加分项】
· 发展路径：【职位可能的成长方向】
· 薪资福利：【薪资范围和主要福利】
· 特别亮点：【职位的特别吸引力，如技术挑战、影响力、学习机会等】

请按照以下结构撰写招聘文案：

1. 引人注目的开场和职位概述

2. 公司简介（突出公司文化和发展前景）

3. 工作内容和职责（具体且生动）

4. 理想候选人画像（技能、经验和品质）

5. 成长与发展机会

6. 薪酬福利和工作环境

7. 有吸引力的结尾和申请指引

文案风格要求：

- 专业但不呆板，有吸引力但不浮夸

- 突出职位价值和成长机会

- 体现公司文化特色

- 语言简洁有力，避免过多行业术语

- 注重"讲故事"而非简单罗列

　　这种详细的对话能帮助招聘人员生成既符合专业规范，又具有吸引力的招聘文案，突出公司和职位的独特优势，吸引最合适的人才。

结构化培训材料开发

　　培训是提升员工能力和促进组织发展的关键环节。一套高质量的培训材料需要系统化的知识架构、清晰的学习路径和有效的实践环节，既要满足学习需求，又要符合成人学习特点。然而，培训材料的开发往往耗时费力，特别是对于专业领域或公司特定流程的培训内容。

　　DeepSeek 可以帮助培训专员快速构建培训框架，生成系统化的培训内容，大幅提升培训准备效率。无论是新员工入职培训、专业技能提升还是管理能力发展，都可以借助 AI 快速搭建培训体系。

要获得高质量的培训材料，需要向 DeepSeek 提供详细的培训需求和背景信息：

1. 培训对象：参训人员的岗位背景、知识水平、学习目的和特点
2. 培训目标：希望培训结束后学员能够掌握的知识点和具备的能力
3. 培训内容范围：需要覆盖的核心知识领域和技能点
4. 培训形式与时长：计划采用的培训方式和可用的时间
5. 公司特定要求：需要融入的公司特定流程、工具或案例

培训材料开发对话提示：

请作为企业培训专家，为以下培训主题开发一份详细的培训材料：

【培训基本信息】

·培训主题：【主题名称】

·培训对象：【参训人员描述，如"新入职销售人员""中层管理者"等】

·培训目标：【列出3—5个具体、可衡量的学习目标】

·培训时长：【计划的培训时间，如"2天全天""4次2小时课程"等】

·培训形式：【如面授、线上、混合等】

·先备知识：【参训人员已具备的相关知识或经验】

【培训内容要求】

·核心知识点：【需要覆盖的主要知识领域】

·重点技能：【需要培养的关键能力】

·公司特定内容：【需要融入的公司流程、工具或方法论】

·行业案例：【相关的行业最佳实践或案例类型】

请提供以下培训材料组件：

1. 培训大纲（模块划分和时间分配）

2. 详细课程内容（按模块组织的核心内容）

3. 教学方法建议（针对不同内容的教学活动设计）

4. 互动环节设计（小组讨论、角色扮演、案例分析等）

5. 实践作业（课堂练习和课后任务）

6. 学习评估方式（如何检验学习效果）

7. 培训资源清单（推荐阅读材料、工具模板等）

培训材料风格要求：

· 结构清晰，层次分明

· 内容既有理论深度，又有实操指导

· 融入实际工作场景和案例

· 考虑成人学习特点，注重参与式学习

· 平衡知识传授和技能练习

这种对话能够帮助培训专员快速开发出结构完整、内容专业的培训材料框架，只需根据具体情况进行调整和细化，就能显著提升培训准备效率。

员工反馈分析与优化建议

员工满意度调查、离职面谈和内部反馈是了解组织健康状况和改进方向的重要渠道。然而，这些反馈数据往往来源多样、形式各异，包含大量定性信息，难以快速提炼出关键洞察和行动建议。传统的分析方法既耗时又容易受到分析者主观判断的影响。

DeepSeek 可以帮助人力资源专业人员快速处理复杂的员工反馈数据，识别核心问题模式、分析根本原因并提出有针对性的改进建议。与手动分析相比，DeepSeek 分析能够更客观、全面地处理大量信息，发现人工分析可能忽略的细微模式和关联关系。

要获得有价值的反馈分析结果,需要向 DeepSeek 提供完整的背景信息和分析期望:

1. 反馈数据背景:数据来源、收集方法、样本规模和代表性
2. 组织背景:公司现状、近期变化和战略方向
3. 特别关注领域:管理层特别关心的问题或改进方向
4. 历史对比:过往类似调查结果和已实施的改进措施
5. 可用资源:可用于改进的资源限制和决策空间

员工反馈分析对话提示:

请作为组织发展顾问,帮我分析以下员工反馈数据,并提出具体改进建议:

【反馈数据概述】

· 数据来源:【如"季度员工满意度调查""离职面谈"等】

· 样本规模:【参与反馈的员工数量】

· 样本代表性:【不同部门、级别、性别等的分布情况】

· 数据类型:【定量评分、开放性问题、多选题等】

· 调查时间:【反馈收集的时间段】

· 主要反馈领域:【调查覆盖的主要方面,如领导力、工作环境、薪酬福利等】

【组织背景信息】

· 公司近期变化:【如组织调整、业务变化、管理层更替等】

· 行业环境:【行业发展趋势和竞争状况】

· 员工构成:【人员结构和特点】

· 已知问题:【管理层已意识到的主要问题】

· 过往改进措施:【之前实施的相关举措及效果】

【分析需求】

· 关注重点:【特别需要深入分析的领域】

- 跨部门比较：【是否需要不同部门或团队的对比分析】
- 趋势分析：【与历史数据的对比需求】
- 相关性探索：【需要探索哪些因素之间的关联】

请提供以下分析内容：

1. 数据概览和关键发现（核心指标表现和显著变化）
2. 问题分类和优先级排序（按影响范围和紧迫性）
3. 根因分析（深层次问题原因和相互关联）
4. 部门或群体差异分析（不同群体的特殊问题）
5. 具体改进建议（分短期、中期和长期）
6. 实施路径（行动计划和资源需求）
7. 成效评估方法（如何衡量改进措施的效果）

该对话提示能够协助人力资源部门从庞杂的员工反馈信息中深度挖掘核心洞见，并将其转化为可落地的优化方案，有效提升组织管理决策的科学依据与精准度。

应用案例：新员工培训计划开发

我年初负责为公司新入职的销售团队开发一套系统培训计划。这些新员工大多是大学毕业1—3年的年轻人，销售经验有限，需要从公司文化、产品知识到销售技能的全方位培训。以往这项工作往往需要协调多个部门，收集各类资料，然后整合成培训方案，通常耗时一周以上。

我决定尝试使用DeepSeek来协助这项工作，向其提供了以下信息：

请作为企业培训专家，为我们公司的新入职销售人员开发一份详细的培训计划。

【培训基本信息】

- 培训主题：新入职销售人员全流程培训
- 培训对象：刚入职的销售代表（大学毕业1—3年，销售经验有限）
- 培训目标：
  ○ 理解公司文化、产品线和销售流程
  ○ 掌握基本销售技能和工具使用
  ○ 能够独立完成销售演示和客户沟通
  ○ 了解客户需求分析和解决方案定制方法
  ○ 建立职业发展意识和目标
- 培训时长：5天集中培训
- 培训形式：线下面授为主，辅以实战演练
- 公司特色：我们是B2B软件服务提供商，强调解决方案销售而非产品推销

【培训内容要求】

- 需涵盖：公司文化、产品知识、销售流程、沟通技巧、异议处理、方案定制、工具使用
- 重点强调：顾问式销售理念、需求挖掘方法、价值传递技巧
- 公司特定工具：CRM系统、解决方案配置工具、演示平台

DeepSeek生成的培训计划框架如下：

新入职销售人员全流程培训计划

总体规划：

本培训采用"知识学习＋技能实践＋实战模拟"三位一体的培训方法，通过5天的集中培训，帮助新入职销售人员全面掌握产品知识、销售技能和必要工具，为其快速融入团队并创造业

绩奠定基础。

五天培训日程安排：

第一天：基础认知与产品导入

……

第二天：销售流程与方法论

……

培训方法与互动设计：

培训将采用多样化的教学方法，包括：

……

每个模块都设计了针对性的互动环节，确保学员充分参与并实践所学知识。

学习评估与跟进机制：

·每日回顾与知识检验

……

通过使用DeepSeek，我在短时间内就获得了一份结构完整、内容专业的培训计划框架，大大提升了工作效率。这份方案不仅考虑了新人学习路径，还融入了公司特色和销售理念，设计了丰富的互动环节和实践活动。我只需要根据公司具体情况进行调整和补充细节，就能形成一套可直接使用的培训方案。

三、销售话术、客户沟通与跟进邮件

销售和客户服务是企业与客户建立关系的关键环节，优质的沟通内容和方式直接影响销售转化率和客户满意度。传统销售和客户服务工作需要销售人员花费大量时间准备话术、撰写邮件和设计跟进策略，DeepSeek 能够帮助销售和客服人员快速生成专业、有针对性的沟通内容，提升工作效率和沟通质量。

情境化销售话术设计

优秀的销售话术不是一成不变的模板，而是能够根据产品特点、客户需求和销售阶段灵活调整的沟通工具。有效的销售话术应当简洁明了、突出价值、解决疑虑，同时保持自然流畅的对话感。

传统话术开发往往需要销售人员根据经验进行多次试错和调整，耗费大量时间和精力。DeepSeek 可以帮助销售人员针对不同情境快速生成专业、有说服力的销售话术，为不同阶段的客户沟通提供支持。

要获得高质量的销售话术，需要向 DeepSeek 提供详细的背景信息：

1. 产品/服务信息：核心功能、独特优势、价值主张和定价策略
2. 目标客户画像：客户角色、行业背景、业务需求和关注重点
3. 销售阶段：初次接触、需求挖掘、方案介绍、异议处理、成交促进
4. 竞争情况：主要竞争对手及其优劣势对比
5. 沟通环境：电话、视频会议、面对面会谈、展会交流

销售话术提示：

请作为资深销售培训专家，为以下销售场景设计专业、有效的销售话术：

【基本信息】

产品/服务：【产品/服务名称及简介】

核心优势：【3—5个关键差异化优势】

目标客户：【客户角色、行业及特点】

客户痛点：【目标客户面临的主要挑战和需求】

定价策略：【价格区间及计费模式】

竞品情况：【主要竞争对手及差异】

【销售场景】

·场景类型：【如"初次接触""产品演示""异议处理"等】

·沟通方式：【如电话、面谈、视频会议等】

·客户状态：【客户当前阶段和了解程度】

·特殊要求：【需要特别关注的要点或禁忌】

请为以下环节提供具体话术：

1. 开场白与关系建立（自然引入话题并建立信任）

2. 需求确认与探索（了解客户具体需求的提问）

3. 价值传递与讲解（产品优势与客户需求的连接）

4. 常见问题与异议处理（针对性的回应策略）

5. 下一步行动建议（明确、合理的推进方式）

话术风格要求：

·自然对话式，避免生硬或营销腔

·简洁有力，直击要点

·以客户为中心，强调价值而非功能

·留有互动空间，便于根据客户反应调整

·包含具体案例或数据支持

这种与 DeepSeek 清晰的对话可以让 DeepSeek 了解销售人员的意图，帮助销售人员快速获得针对特定场景的专业话术，提升销售沟通的针对性和有效性。

专业客户沟通邮件

电子邮件是 B2B 销售和客户服务中不可或缺的沟通工具，从初次接触到合作后跟进，都需要专业、高效的邮件内容。一封优质的商务邮件应该简洁明了、重点突出、语气适当，既要传递必要信息，又要推动双方关系和业务进展。

然而，许多销售和客服人员在邮件写作上耗费大量时间，却难以兼顾效率与质量。DeepSeek 可以帮助他们根据不同情境和目的，快速生成专业、有针对性的商务邮件，大幅提高工作效率。

要获得高质量的客户沟通邮件，需要明确以下关键信息：

1. 邮件目的：初次接触、会议跟进、需求确认、方案提交、合同推进等

2. 收件人信息：职位、决策权、与项目的关系及之前的互动历史

3. 内容重点：需要强调的关键信息和期望达成的目标

4. 后续行动：希望客户采取的下一步行动

5. 沟通语气：正式商务、专业咨询、轻松友好等

客户沟通邮件对话提示：

请作为专业的销售／客户沟通顾问，帮我起草一封针对以下情境的商务邮件：

【邮件基本信息】
·邮件类型：【如"首次接触""方案提交""会议跟进"等】
·发件人角色：【您的职位和团队】

- 收件人信息：【收件人姓名、职位和公司】
- 沟通历史：【之前的互动情况，如有】
- 邮件目的：【此邮件希望达成的具体目标】

【内容要点】

- 需要传达的关键信息：【列出2—3个核心要点】
- 相关背景信息：【客户需要了解的背景】
- 产品/服务信息：【需要提及的产品或服务细节】
- 数据/证据支持：【可以引用的数据或案例】
- 预期行动：【希望客户采取的后续行动】

【风格要求】

- 正式程度：【正式、专业、友好或混合】
- 语言风格：【简洁、详细、专业性或通俗易懂】
- 邮件长度：【简短、中等或详细】
- 特别注意事项：【需要避免的表述或特别强调的点】

请提供完整的邮件内容，包括：

1. 清晰简洁的主题行

2. 适当的称呼和开场

3. 核心内容（结构清晰，重点突出）

4. 明确的行动建议

5. 专业的结束语和签名建议

这种与 DeepSeek 对话的形式，能帮助销售和客服人员快速生成专业、有针对性的客户沟通邮件，节省写作时间的同时确保邮件质量。

客户跟进与转化策略

有效的客户跟进是销售成功的关键环节，不仅关乎单笔交易的达成，更关系到长期客户关系的建立。合理的跟进策略应根据客户状态、兴趣程度和决策周期制定个性化方案，既不能频繁打扰，又不能完全放手，需要在适当时机提供有价值的信息推动决策进程。

传统的客户跟进往往依赖销售人员的经验判断，容易出现跟进不及时、内容价值不足或方式单一等问题。DeepSeek可以帮助销售人员根据客户特点和销售阶段，设计系统化、个性化的跟进策略，提升转化效率。

要获得有效的客户跟进策略，需要提供详细的客户和销售情况：

1. 客户信息：行业背景、公司规模、决策流程和关键决策者
2. 销售阶段：当前处于需求探索、方案评估、商务谈判还是决策前最后比较
3. 互动历史：过往接触的频率、内容和客户反馈
4. 兴趣信号：客户表现出的积极或消极信号
5. 竞争情况：是否有其他供应商参与，客户对比评估的标准

客户跟进策略模板：

请作为销售策略顾问，为以下销售情境设计一套有效的客户跟进策略：

【客户与销售情况】

· 客户公司：【公司名称、规模和行业】

· 客户角色：【接触的主要联系人及其职位、决策影响力】

· 决策流程：【客户公司的典型决策周期和参与者】

· 当前阶段：【如"初步接触""需求确认""方案评估"等】

· 最近互动：【最后一次沟通的时间、内容和结果】

· 客户反应：【客户表现出的兴趣程度和关注点】

· 竞争状况：【是否面临竞争及竞争态势】

· 预期目标：【短期内希望推动客户达成的决策或行动】

请提供以下内容：

1. 跟进时间表（未来2—4周的跟进节奏和时机）
2. 各次跟进的内容重点和方式建议
3. 针对不同客户反应的应对策略（积极/犹豫/冷淡）
4. 价值内容建议（可分享的有价值信息或资源）
5. 关键决策推动技巧（突破决策障碍的方法）
6. 转化加速策略（提高成单可能性的关键举措）
7. 放弃的判断标准（何时应考虑暂停跟进）

策略原则：
- 基于价值而非打扰
- 个性化而非模板化
- 进度导向而非频率导向
- 多渠道协同而非单一方式
- 换位思考，以客户为中心

这种模板能帮助销售人员制定系统、有效的客户跟进计划，提升销售转化率和客户体验。

应用案例：SaaS产品销售异议处理话术

假如有一家企业SaaS产品的销售经理，负责向中大型企业客户推广公司的协作办公平台。在销售过程中，经常遇到客户关于数据安全、系统稳定性和ROI（投资回报率）方面的疑虑。这些异议如果处理不当，往往导致销售进程停滞甚至失败。

为了提升团队处理销售异议的能力，他向DeepSeek请求帮助，生成针对常见异议的专业处理话术：

请作为SaaS销售培训专家，为企业协作办公平台设计异议处理话术。此产品是面向中大型企业的协作平台，整合了文档协作、项目管理和团队沟通功能，主要竞争优势是高度集成性、定制化能力和本地化支持服务。公司经常遇到以下客户异议，请提供专业、有说服力的回应话术：

数据安全顾虑："把公司数据放在云端，安全性能保证吗？"

系统稳定性问题："如果系统出现故障或宕机，会对我们的业务造成什么影响？"

投资回报质疑："这套系统每年的投入不小，我如何向管理层证明它值得？"

使用习惯转变："我们团队已经习惯了当前的工具，转换成本太高了。"

与现有系统整合："你们的平台能否与我们现有的ERP和CRM系统无缝对接？"

请为每个异议提供：

· 理解确认（表明你理解客户顾虑的开场白）

· 解释回应（直接、清晰地回应核心关注点）

· 支持证据（用事实、数据或案例支持你的论点）

· 价值转化（将解决方案与客户价值联系起来）

· 推进问题（帮助推动销售进程的后续提问）

话术风格要求专业、真诚，避免过度销售或回避问题，而是直面客户顾虑并提供有说服力的信息。

DeepSeek生成的异议处理话术摘选如下：

SaaS企业协作平台——销售异议处理话术指南

1. 数据安全顾虑处理

客户异议："把公司数据放在云端，安全性能保证吗？"

理解确认："我完全理解您对数据安全的关注，这也是任何考虑云服务的企业最优先考虑的问题。在当前数据泄露事件频发的环境下，确保企业敏感信息的安全是至关重要的。"

解释回应："我们的平台采用了银行级别的加密技术和多层次安全防护机制。具体而言，我们实施了端到端的 256 位 AES 加密，所有数据在传输和存储过程中都经过加密处理。同时，我们遵循零信任架构，每次访问都需要严格的身份验证，并支持多因素认证。"

……

该回应直面了客户的核心顾虑，用具体事实和认证回应安全问题，并巧妙地将安全从障碍转化为价值点，同时提供了明确的下一步建议以推动销售进程。

通过 DeepSeek 生成的异议处理话术，销售团队获得了处理常见客户疑虑的专业指南。这不仅可以提升销售人员的沟通自信，也会改善客户转化率。特别是数据安全和 ROI 方面的话术，因为提供了具体数据和案例支持，说服力大大增强。团队成员们还可以根据实际沟通情况和客户特点，灵活调整这些话术。

四、会议安排、日程管理与文档整理

高效的工作管理是职场成功的基础,从会议安排到日程规划,从文档整理到信息管理,都需要清晰的结构和系统化的方法。然而,这些看似基础的工作往往占用专业人士大量时间,影响核心任务的执行效率。DeepSeek 可以帮助职场人士优化工作流程,提升信息管理效率,为专注高价值工作创造条件。

高效会议设计与跟进

会议是组织协作的重要方式,但低效会议也是职场时间浪费的主要因素。一场高效会议需要明确目标、合理议程、适当参与者和有效的会后跟进,确保每位参与者的时间得到充分尊重和利用。

传统会议筹备往往流程松散、准备不足,导致讨论散漫、决策模糊或行动不明确。DeepSeek 可以帮助会议组织者设计结构化的会议流程,提高会议效率和成果转化率。

要设计高效会议,需要向 DeepSeek 提供详细的会议信息:

1. 会议目的:期望通过会议解决的问题或达成的目标
2. 参与人员:与会者角色、背景和对会议的期望
3. 讨论主题:需要覆盖的关键议题及其优先级
4. 时间限制:可用的会议时间及各议题的时间分配
5. 会议类型:决策会议、创意讨论、项目评审或信息分享

会议策划模板：

请作为专业会议引导师，帮我设计以下会议的完整流程：

【会议基本信息】

・会议名称：【会议标题】

・会议目的：【期望通过会议达成的具体目标】

・会议时长：【可用的总时间】

・参与人员：【人数、角色和背景】

・会议性质：【如决策会议、创意讨论、项目评审等】

・会前准备情况：【已完成的准备工作和材料】

【需要解决的核心问题】

・【列出2—5个需要在会议中解决的关键问题】

【特别注意事项】

・【会议中需要特别关注的挑战或限制条件】

・【可能的分歧点或敏感话题】

请提供以下内容：

1. 会前准备清单（需要准备的材料和沟通）

2. 详细议程设计（各环节的内容、目的和时间分配）

3. 会议开场和引导语（如何有效开启会议）

4. 关键议题的讨论框架（如何结构化推进各议题）

5. 决策达成方法（如何有效促成共识或决策）

6. 会议总结方式（如何有效收尾会议）

7. 会后跟进计划（确保行动落实的机制）

8. 常见问题应对建议（如会议偏离主题、时间控制等）

这种模板能帮助会议组织者设计结构化、高效的会议流程，提高会议产出和参与者满意度。

科学日程规划与时间管理

有效的时间管理是职场效率的核心。在信息过载、任务繁多的现代工作环境中，许多职场人士面临优先级混乱、注意力分散和工作与生活平衡困难等挑战。科学的日程规划不仅要考虑任务优先级，还要顾及个人能量分配、工作节奏和长期发展目标。

DeepSeek 可以帮助用户根据工作特点、个人习惯和目标优先级，设计个性化的时间管理系统，提高工作效率和满意度。

要获得有效的时间管理方案，需要向 DeepSeek 提供详细的工作和个人信息：

1. 工作性质：主要职责、任务类型和典型工作流程
2. 优先事项：当前阶段的核心目标和关键任务
3. 个人习惯：工作节奏、高效时段和注意力特点
4. 时间挑战：经常面临的时间管理困难和干扰因素
5. 可用工具：习惯使用的日程管理和任务跟踪工具

时间管理提示对话：

请作为时间管理顾问，为我设计一套个性化的日程规划和时间管理系统：

【个人工作情况】

- 职位/角色：【当前职位和主要职责】
- 工作性质：【例如创意工作、分析工作、管理工作等】
- 主要任务类型：【日常重复任务、项目型任务、紧急事务的比例】
- 工作环境：【办公室、远程、混合等】
- 团队协作：【需要协作的程度和方式】
- 会议负担：【每周会议数量和时间占比】

【个人偏好和习惯】

·高效工作时段：【一天中精力最充沛的时间段】

·注意力模式：【专注时长和转换成本】

·现有时间管理方法：【目前使用的工具和习惯】

·休息和恢复策略：【如何恢复精力和注意力】

·工作与生活平衡需求：【需要确保的私人时间和活动】

【当前挑战】

·主要时间管理困难：【描述遇到的主要时间压力或问题】

·常见干扰源：【经常打断工作流的因素】

·拖延倾向：【容易拖延的任务类型和原因】

【目标和优先级】

·短期工作目标：【1—3个月内需要完成的关键目标】

·长期发展方向：【希望投入时间的成长领域】

·核心价值活动：【最能创造价值的工作类型】

请提供以下内容：

1. 个性化时间管理框架（适合您工作节奏的整体方案）

2. 典型工作日结构设计（考虑能量曲线的时间分配）

3. 任务分类与优先级系统（如何区分和排序各类任务）

4. 专注工作的策略和工具（如何创造和保护深度工作时间）

5. 会议和协作时间优化建议（提高协作效率的方法）

6. 日／周／月规划模板（可直接使用的规划框架）

7. 习惯养成和系统维护建议（如何坚持执行时间管理系统）

8. 应对紧急事务和干扰的策略（保持灵活性的同时维护重要任务）

这种与DeepSeek的有效对话能帮助职场人士建立符合个人特点的时间管理系统，平衡效率与可持续性，提升工作质量和满意度。

文档整理与知识管理

在信息爆炸的时代，有效的文档整理和知识管理成为职场核心竞争力。从个人笔记到团队文档，从项目资料到业务知识，都需要系统化的组织和便捷的检索方式。混乱的信息管理不仅导致工作效率低下，还可能造成知识流失和决策质量下降。

DeepSeek 可以帮助用户设计个性化的文档管理体系，组织和结构化各类信息，建立高效的知识管理流程，提升信息利用效率。

要建立有效的文档管理系统，需要向 DeepSeek 提供详细的信息类型和使用场景：

1. 文档类型：需要管理的主要文档种类和格式
2. 使用场景：文档的主要用途和访问方式
3. 协作需求：是否需要团队共享和协作编辑
4. 安全等级：不同文档的敏感度和访问权限要求
5. 现有工具：已经使用的存储和管理工具

文档管理提示：

请作为知识管理专家，帮我设计一套完整的文档整理和知识管理系统：

【信息管理需求】
- 管理对象：【个人/团队/部门级文档管理】
- 主要文档类型：【如项目文件、会议记录、研究资料、客户信息等】
- 文档数量和规模：【需要管理的大致文档量】
- 更新频率：【文档的典型更新和访问频率】
- 协作需求：【是否需要多人编辑和共享】
- 安全与访问控制：【对文档安全性和权限的要求】

【当前挑战】

· 主要痛点：【当前文档管理中面临的主要问题】

· 检索难度：【找到所需信息的难易程度】

· 版本控制：【如何管理文档更新和版本】

· 知识传承：【关键知识的保存和传递问题】

【技术环境】

· 可用工具：【目前使用的存储和管理工具】

· 技术限制：【IT 环境或政策限制】

· 用户技术水平：【使用者的技术接受度】

请提供以下内容：

1. 文档分类与组织框架（逻辑清晰的文件夹结构和命名规则）

2. 文档命名和版本控制标准（确保一致性和可追溯性）

3. 元数据和标签系统设计（提升检索效率的分类方法）

4. 工具选择与整合建议（基于需求的最佳工具组合）

5. 文档生命周期管理流程（从创建到归档的完整流程）

6. 知识提取与沉淀方法（将隐性知识转化为显性资产）

7. 信息安全与备份策略（保护敏感信息的方法）

8. 实施路径与习惯养成（如何平稳过渡到新系统）

这种 DeepSeek 提示语能帮助用户建立系统、高效的文档和知识管理体系，显著提升信息获取效率和知识利用水平。

应用案例：远程团队协作体系设计

一家新成立的设计公司创意总监，面临管理一个分布在三个不同城市的 10 人设计团队的挑战。团队成员需要频繁协作设计项目，共享创意资源，并与客户保持高效沟通。由于远程工作模式，在会议效率、文件管理和任务协调上遇到了不少困难。

他向 DeepSeek 寻求帮助，希望建立一套完整的远程团队协作体系：

> 请作为远程团队管理专家，帮我设计一套适合分布式创意团队的协作体系。我们是一个 10 人的设计团队，分布在三个不同城市，主要从事品牌设计和数字营销创意工作。我们面临以下挑战：
>
> 1. 远程会议效率低，讨论散漫且缺乏明确结论
>
> ……
>
> 我希望建立一套能够支持高效创意协作、文件管理规范、透明任务跟踪的体系，同时保持团队创造力和工作积极性。我们目前使用基础的办公软件和云存储服务，但缺乏系统化的工作流程和协作规范。

DeepSeek 提供的远程团队协作体系建议摘要如下：

创意设计团队远程协作体系设计

一、整体协作架构

建议采用"同步＋异步"混合协作模式，构建三层协作架构：

1. 信息层：统一的知识库和资源中心
2. 协作层：规范化的会议和沟通体系
3. 执行层：可视化的任务管理和进度跟踪

二、会议体系优化

……

三、文档管理与版本控制

……

四、任务管理与进度可视化

1. 任务板设计

……

五、创意协作与反馈流程

1. 创意生成与共享

· 建立"创意库"收集和整理灵感和参考资料

· 实施"异步头脑风暴"流程：问题定义→个人思考→线上提交→集体评议

……

六、团队文化与远程凝聚力

1. 知识共享机制

· 实施每周的"设计分享"，轮流分享有趣的发现和学习

……

这套远程协作体系不仅解决了面临的具体挑战，还提供了可持续发展的团队协作框架。其中的会议分类与规范、文件命名与组织结构及创意反馈机制，既有理论指导，又有实操性强的具体方法。

从这套体系中，我们可以看到团队会议效率可以明显提升，文件查找时间大大减少，沟通误解也会显著减少。远程团队成员对工作流程更清晰，协作更顺畅。DeepSeek 这套体系的创意为团队提供了坚实的协作基础。当然具体情况要根据团队情况自行调整。上面的案例可以让我们了解，如果给 DeepSeek 足够清晰的指令，可以让其给我们提供非常专业的团队体系建设方案。

五、提案撰写、项目管理与客户沟通

商业提案、项目管理和客户沟通是推动业务发展的核心环节。无论是争取新客户、管理复杂项目还是维护客户关系，这些工作都需要专业知识、结构化思维和优秀的表达能力。DeepSeek 可以在这些高价值工作中提供强大支持，帮助专业人士提升工作质量和效率。

专业商业提案和建议书

一份优秀的商业提案或建议书是赢得客户信任和项目的关键。它不仅要展示专业能力和解决方案，还需要深入理解客户需求，清晰传达价值主张，并提供令人信服的执行计划。传统提案撰写往往耗时费力，从市场研究到解决方案设计，从竞争分析到价格策略，都需要专业知识和创造力的结合。

DeepSeek 可以帮助专业人士快速生成结构完整、内容专业的商业提案框架，根据目标客户和项目特点提供个性化的解决方案和价值主张，大幅提升提案撰写效率和质量。

要生成高质量的商业提案，需要向 DeepSeek 提供详细的背景信息：

1. 客户信息：目标客户的行业背景、业务规模、现状和挑战
2. 项目目标：客户希望通过该项目解决的问题或达成的目标
3. 竞争情况：市场上类似服务的提供者及其优劣势
4. 独特优势：你的团队或公司的专业能力和差异化优势
5. 预算范围：客户可能的预算限制和成本敏感度

商业提案：

请作为商业提案专家，为以下项目设计一份专业的商业提案：
【客户与项目信息】
- 目标客户：【公司名称、行业和规模】
- 客户背景：【客户的业务情况、市场地位和发展战略】
- 客户痛点：【客户面临的主要挑战和需求】
- 项目类型：【具体的服务或解决方案类型】
- 项目目标：【客户期望通过该项目达成的具体成果】
- 预算范围：【客户可能的预算限制，如已知】
- 决策因素：【可能影响客户决策的关键考量】
- 竞争情况：【其他可能竞争该项目的服务提供商】

【我方优势】
- 公司/团队背景：【公司定位和核心能力】
- 相关经验：【类似项目的成功案例】
- 团队优势：【将参与此项目的核心团队成员及专长】
- 独特方法论：【与众不同的解决方案或工作方法】
- 客户收益：【合作能为客户带来的具体价值】

请提供以下内容：

1. 专业提案标题和简介（简洁有力的开篇）

2. 客户需求分析与项目目标（展示对客户的理解）

3. 解决方案概述（核心方法论和解决思路）

4. 详细实施方案（分阶段的工作计划）

5. 预期成果与交付物（具体、可衡量的项目产出）

6. 团队介绍与相关经验（证明执行能力）

7. 项目时间线与里程碑（明确的执行计划）

8. 投资回报分析（价值证明和成本效益）

9. 定价方案（清晰透明的价格结构）

10. 合作条款与后续步骤（推动决策的明确路径）

提案风格要求：

- 专业而不晦涩，自信而不自大
- 以客户为中心，突出客户价值
- 数据支持，避免空洞表达
- 视觉清晰，便于快速阅读
- 差异化定位，突出竞争优势

这种 DeepSeek 提示语能帮助专业人士快速生成有针对性、专业性且有说服力的商业提案，提升项目获取成功率。

项目规划与进度管理

有效的项目管理是确保项目按时、按质、按预算完成的关键。从项目启动到收尾，需要系统化的规划、明确的任务分解、合理的资源分配和持续的风险监控。无论是大型跨部门项目还是小型团队任务，结构化的项目管理方法都能显著提升成功率和效率。

传统项目规划往往依赖经验判断，容易出现任务遗漏、时间估算不准或风险预判不足等问题。DeepSeek 可以帮助项目管理者建立完整的项目规划框架，识别关键路径和潜在风险点，提供科学的进度管理建议。

要获得有效的项目规划，需要向 DeepSeek 提供项目的基本信息和特殊要求：

1. 项目背景：项目的业务背景、目标和范围界定
2. 团队情况：可用资源、团队规模和专业能力分布
3. 时间约束：项目的开始日期、截止日期和关键里程碑
4. 质量要求：验收标准和质量管控的关键点
5. 已知风险：预期的挑战和制约因素

项目规划提示：

请作为项目管理专家，为以下项目制定详细的规划和管理方案：

【项目基本信息】

·项目名称：【项目名称】

·项目背景：【项目启动的业务背景和必要性】

·项目目标：【需要达成的具体、可衡量的成果】

·项目范围：【包含和不包含的工作内容】

·时间框架：【预期的开始和结束日期】

·预算限制：【可用的资源和预算约束】

【团队与利益相关方】

·项目团队：【核心团队成员及角色】

·关键利益相关方：【需要考虑的内外部相关方】

·决策机制：【项目决策和审批流程】

【项目限制与风险】

·已知约束：【时间、资源、技术等方面的限制】

·主要风险：【已识别的潜在风险】

·依赖关系：【与其他项目或外部因素的依赖】

请提供以下内容：

1. 项目章程（项目概述和授权声明）

2. 详细的工作分解结构（WBS）

3. 任务依赖关系和关键路径分析

4. 资源分配计划和责任分工矩阵

5. 详细进度计划与里程碑设置

6. 风险管理计划（风险识别、评估和应对策略）

7. 沟通管理计划（汇报机制和沟通频率）

8. 质量控制要点和验收标准

9. 变更管理流程和控制机制

10. 项目监控工具和指标建议

与 DeepSeek 的这种对话模式，能帮助项目管理者建立系统、全面的项目规划，提高项目执行的可控性和成功率。

专业客户沟通与关系管理

客户关系是业务成功的基础，有效的客户沟通和关系管理对于业务拓展和客户维护至关重要。从初次接触到长期合作，需要一系列专业、有针对性的沟通内容和策略，既要传递价值，又要建立信任，同时满足客户的实际需求。

传统客户沟通往往缺乏系统性，依赖个人经验和直觉，难以形成可复制的最佳实践。DeepSeek 可以帮助业务人员根据不同客户类型和关系阶段，设计专业的沟通内容和策略，提升客户体验和合作效果。

要获得有效的客户沟通策略，需要向 DeepSeek 提供客户和关系的关键信息：

1. 客户画像：客户的行业背景、规模、业务需求和决策特点
2. 关系阶段：当前处于初步接触、方案评估、执行合作还是长期维护阶段
3. 合作历史：过往合作的内容、成果和可能的问题点
4. 决策流程：客户方的决策机制和关键影响者
5. 沟通目的：当前沟通希望达成的具体目标

客户沟通策略：

请作为客户关系管理专家，为以下客户情境设计专业的沟通策略：

【客户基本信息】
· 客户公司：【公司名称、行业和规模】

- 客户角色：【主要联系人及其职位、决策影响力】
- 业务阶段：【如"潜在客户""现有客户""休眠客户"等】
- 合作历史：【过往合作项目和关系质量】
- 决策特点：【客户的决策流程和周期】
- 关注重点：【客户特别关注的价值点或考量因素】
- 潜在机会：【可能的业务拓展或深化方向】

【当前情境】

- 沟通背景：【当前沟通的触发原因】
- 沟通目标：【希望通过沟通达成的具体成果】
- 可能障碍：【潜在的沟通挑战或客户顾虑】
- 竞争状况：【客户与竞争对手的接触情况】

请提供以下内容：

1. 整体沟通策略（关系管理的方向和原则）
2. 关键信息点（需要传达的核心内容和价值主张）
3. 沟通渠道选择（最适合当前情境的接触方式）
4. 沟通频率与节奏（维持关系的互动计划）
5. 特定场景话术（针对重要情境的具体沟通内容）
6. 异议处理建议（应对可能问题的方法）
7. 关系深化策略（提升客户黏性的举措）
8. 价值传递计划（持续展示价值的方法）

沟通风格建议：

- 专业而不生硬，友好而不过度亲近
- 以客户为中心，聚焦其关注点和价值需求
- 证据导向，用事实和数据支持观点
- 建立共识，找到共同目标和价值观
- 引导而非推销，帮助客户自行发现价值

这种提示语能帮助业务人员制定有针对性的客户沟通策略，提升客户

关系管理的专业性和有效性。

💡 应用案例：客户定制解决方案提案

一家数字营销咨询公司的业务总监，需要为中型电商企业准备一份全面的数字营销策略提案。这家企业过去主要依赖传统的营销方式，现在希望系统提升其数字营销能力，特别是提高线上转化率和客户忠诚度。他对电商行业有一定了解，但需要快速整合最新的数字营销趋势和最佳实践，形成有针对性的解决方案。

可以向 DeepSeek 提出以下请求：

> 请作为数字营销策略顾问，为一家中型电商企业（年销售额约2亿元，主营家居装饰产品）设计一份专业的数字营销解决方案提案。客户面临的主要挑战包括：
> 1. 网站访客转化率低（行业平均为3%，客户仅为1.8%）
> 2. 客户复购率不足（首次购买后6个月内复购率仅20%）
> ……
> 请设计一份专业、详细且有针对性的解决方案提案，包括战略规划、具体实施方案、预期效果和投资回报分析。

DeepSeek 生成的提案框架摘要如下：

数字化转型：提升电商业绩的整合营销解决方案

本提案为贵公司量身打造了一套"电商增长三驱动"整合数字营销解决方案，通过转化率优化、客户生命周期管理和数据驱动决策三大核心策略，系统性解决当前面临的数字营销挑战。我们的方案将在6个月内分三个阶段实施，预计将实现转化率提升40%，复购率提升30%，营销ROI提升50%，同时建立可持续的数字营销能力。

一、客户现状分析

1.1 业务表现诊断：通过对贵公司现有数字营销体系的全面分析，我们识别出五个关键问题领域。

·转化路径断点：网站访客流失主要发生在产品页到购物车（流失率58%）和结账流程（流失率42%）。

……

二、解决方案：电商增长三驱动战略

……

三、实施路径

……

四、预期成果与投资回报

……

五、投资与合作

……

六、我们的优势

……

附件：成功案例分析与详细实施计划

通过DeepSeek生成的这份专业提案框架，可以获得一套结构完整、内容深入的解决方案，它不仅紧密结合了客户面临的具体挑战，还提供了系统化的实施路径和清晰的价值论证。这份提案特别是其中的"电商增长三驱动战略"概念和详细的实施计划，既有战略高度又不乏操作细节。

在实际使用中，需要根据公司的具体情况和服务内容进行一些调整和细化，特别是费用结构和团队配置部分，以形成一份高质量的客户提案。与从零开始准备相比，这种方式至少节省了至少2—3天的研究和写作时间，同时提供了更全面、更系统的解决方案框架。

以上的实战案例，详细展示了DeepSeek如何在职场中发挥强大助力。

从营销策划到人力资源管理，从销售沟通到会议安排，从商业提案到项目管理，DeepSeek 都能为各类专业工作提供高质量的内容支持和流程优化建议。

要充分发挥 DeepSeek 在职场中的价值，关键在于提供足够详细的背景信息和明确的需求描述，帮助 DeepSeek 理解特定工作场景和专业要求。同时，人类用户需要保持主导地位，将 DeepSeek 视为协作伙伴而非替代品，在 DeepSeek 生成内容的基础上融入自己的专业判断和创造性思考。

第五章　全能助手
——让 DeepSeek 解放你的时间

前面我们分别学习了如何理解 DeepSeek 的能力、用 DeepSeek 处理各类工作任务等应用。现在我们将进一步拓展 DeepSeek 的应用范围，展示它如何作为全能助手，帮助我们高效处理知识学习、生活规划等多种场景的挑战，真正解放我们的时间。

一、用 DeepSeek 进行知识点整理技巧

在信息爆炸的时代，我们每天面对海量的学习资料、会议内容、研究文献和行业动态，如何高效地提取、整理和内化这些知识成为现代人的必备技能。传统的知识整理方法往往耗时费力，且容易遗漏关键信息，导致学习效率低下。

DeepSeek 凭借其强大的理解能力和逻辑思维，可以成为我们的知识管理助手，帮助我们快速提炼重点、构建知识体系、生成学习材料，从而大幅提升知识获取和应用效率。无论是学生面对考试复习，还是职场人士需要快速掌握新领域知识，DeepSeek 都能提供个性化的知识整理支持。

提炼复杂材料的核心知识点

面对冗长复杂的学习材料，如何快速提取核心知识点是高效学习的关键。传统方法需要反复阅读、标注和总结，耗时且容易遗漏重要内容。DeepSeek 可以帮助我们快速分析文本结构，识别关键概念和逻辑关系，提炼出最有价值的知识点。

特别是对于专业性强、概念密集的学科材料，如医学教材、法律文献、技术手册等，DeepSeek 的系统化分析能力尤为有用。它不仅能识别浅层的知识点，还能理解深层次的概念联系和学科框架，帮助学习者建立更完整的知识体系。

专业提示对话：

请以专业知识整理专家的身份，帮我从以下材料中提炼核心知识点：

材料内容：【粘贴需要整理的文本内容】

整理要求：

知识点层次：【概述级 / 详细级 / 综合级】

组织结构：【树状结构 / 大纲格式 / 知识图谱 / 问答形式】

重点关注：【基础概念 / 关键理论 / 应用案例 / 实操技巧】

请提供以下格式的知识点整理：

核心概念与定义

主要理论框架

关键方法与技术

典型案例与应用

DeepSeek 会将复杂的学习材料转化为结构清晰、重点突出的知识体系，大大提高学习效率。与自己从头阅读整理相比，这种方式可以节省 60%~80% 的时间，同时确保不遗漏重要知识点。

构建个性化的知识体系

零散的知识点难以形成系统性认知，也不便于记忆和应用。将分散的知识点整合成一个有机的知识体系，是深度学习的关键步骤。DeepSeek 可以帮助我们将不同来源、不同层次的知识点有机连接，构建出符合个人认知习惯的知识框架。

知识体系构建不仅仅是简单地将知识点罗列或分类，而是需要发现概念间的逻辑关系、层次结构和应用路径。这一过程通常需要对学科有深入理解，并具备良好的逻辑思维能力。DeepSeek 可以基于其广泛的知识背景，帮助我们识别不同知识点之间的联系，形成网状或树状的知识结构。

特别是在学习新领域或跨学科知识时，我们往往缺乏整体框架，导致学习过程中感到迷茫或无从下手。DeepSeek 构建的知识体系地图，可以为我们提供清晰的学习路径和重点方向，使学习过程更加高效有序。

知识体系构建提示模板：

请作为学习方法专家，帮我围绕【主题/学科】构建一个完整的知识体系框架：

背景信息：

学习目的：【应试/职业技能提升/个人兴趣/研究需要】

当前知识水平：【入门级/基础级/中级/高级】

可投入的学习时间：【每周可用学习时间】

已掌握的相关知识：【列出已经熟悉的相关领域或概念】

请提供以下内容：

知识体系全景图（主要知识模块及其关系）

核心概念层级结构（从基础到高级的概念递进）

学习路径规划（按什么顺序学习各模块最高效）

各模块重要性评级（对于我的学习目标而言）

通过专业性的描述，DeepSeek能帮助你获得一份专属的知识体系规划，使你的学习更有方向性和系统性。相比盲目学习或跟随通用课程安排，个性化知识体系可以让你更精准地分配学习资源，避免不必要的弯路，提高学习投入产出比。

生成高效的学习辅助材料

知识点提取和体系构建之后，创建适合自己学习风格的辅助材料是巩固知识的重要一步。根据认知科学研究，不同形式的学习材料适合不同的知识类型和学习阶段。例如，概念图适合理解复杂概念之间的关系，流程图有助于记忆步骤性知识，而问答式卡片则适合测试记忆效果。

DeepSeek可以基于已整理的知识点，快速生成多种形式的学习辅助材料，如思维导图、概念卡片、练习题、记忆口诀等，满足不同学习场景的需求。

这些材料不仅可以提高学习效率，还能增强学习动力和记忆效果。

学习材料生成提示：

请根据以下知识点，为我生成高效的学习辅助材料：

知识内容：【粘贴已整理的知识点或学习内容】

学习需求：

学习目标：【记忆巩固／概念理解／应用训练／考试准备】

学习阶段：【初步了解／深入学习／复习巩固／考前冲刺】

个人学习风格：【视觉型／听觉型／读写型／实践型】

请生成以下类型的学习材料：

思维导图／概念图（展示核心概念及其关系）

记忆卡片（关键术语、定义和公式）

练习题及解析（覆盖不同难度和知识点）

记忆技巧与口诀

获得一套个性化的学习辅助材料，可以大大提高学习效率和记忆效果。与使用通用学习资料相比，这种定制化的材料能够更好地适应个体的学习习惯和认知特点，帮助你在有限时间内最大化学习成效。

应用案例：考研政治知识点整理

比如，一名正在准备研究生入学考试的学生，发现政治科目是难点。由于政治考试内容庞杂，知识点琐碎，传统的学习方法效率低下。经过多次尝试，这名学生始终难以建立清晰的知识框架，记忆效果也不理想。这名考生向 DeepSeek 输入下列内容：

请以专业知识整理专家的身份，帮我梳理考研政治马克思主义基本原理中"唯物辩证法"部分的核心知识点：

整理要求：
- 知识点层次：详细级
- 组织结构：树状结构
- 重点关注：基础概念、考点分布和应用案例
- 学习目的：考试复习

DeepSeek 回应：

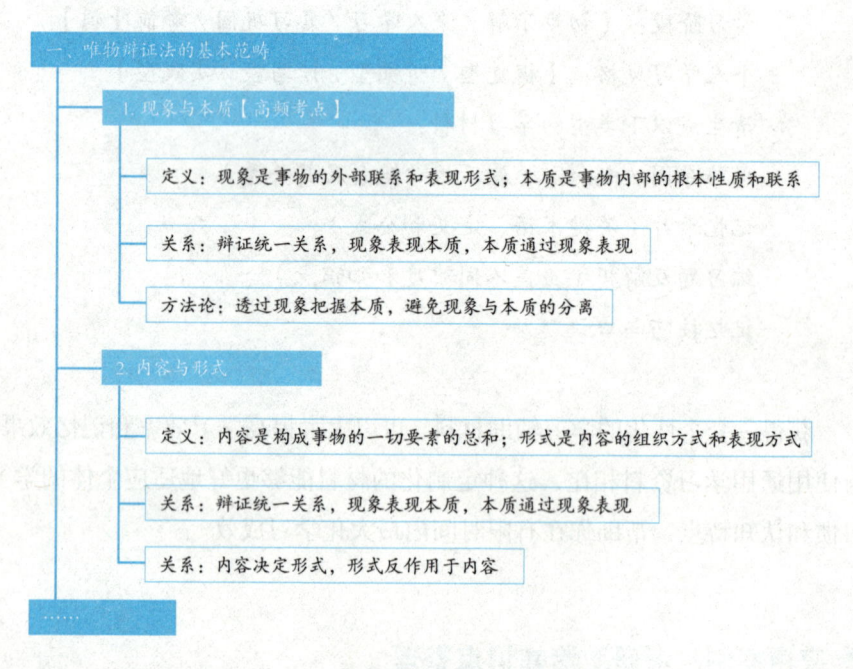

```
一、唯物辩证法的基本范畴
    ├─ 1. 现象与本质【高频考点】
    │   ├─ 定义：现象是事物的外部联系和表现形式；本质是事物内部的根本性质和联系
    │   ├─ 关系：辩证统一关系，现象表现本质，本质通过现象表现
    │   └─ 方法论：透过现象把握本质，避免现象与本质的分离
    └─ 2. 内容与形式
        ├─ 定义：内容是构成事物的一切要素的总和；形式是内容的组织方式和表现方式
        ├─ 关系：辩证统一关系，现象表现本质，本质通过现象表现
        └─ 关系：内容决定形式，形式反作用于内容
......
```

唯物辩证法知识体系

通过 DeepSeek 生成的结构化知识点整理，学生获得了清晰的唯物辩证法考点体系，既有系统的知识框架，又突出了考试重点。这份整理大大提高了学习效率，让学生能够快速掌握这一难点内容，为考试做好充分准备。学生可以基于这份整理，进一步要求 DeepSeek 生成思维导图、记忆卡片和模拟试题，形成完整的学习体系。

二、用 DeepSeek 解读行业术语

在专业领域中，行业术语往往是理解和沟通的一大障碍。无论是初入行业的新人，还是需要跨领域合作的专业人士，都可能面临术语理解困难的问题。特别是在技术快速发展的领域，如 IT、金融科技、生物医药等，新术语层出不穷，给学习和沟通带来了挑战。

传统解决方法通常是查阅专业词典或向行业资深人士请教，这些方式不仅效率低下，而且在紧急情况下难以获得及时帮助。DeepSeek 作为拥有广泛知识储备的 AI 助手，可以快速解读各行业术语，提供定义解释、使用场景和相关概念，帮助我们突破术语障碍，更快融入专业领域。

专业术语的多维度解析

行业术语不仅仅是一个定义那么简单，通常包含丰富的上下文信息、使用环境和相关概念网络。理解一个术语需要从多个维度进行解析，包括其基本定义、发展历史、应用场景、相关概念以及在不同子领域中的变体等。

DeepSeek 可以提供这种多维度的术语解析，帮助我们全面理解专业术语的内涵和外延。特别是对于那些在不同语境下有不同含义的术语，DeepSeek 能够清晰地区分其在各个场景中的具体用法，避免理解偏差导致的沟通问题。

专业术语解析提示：

请以【行业】专家的身份，为我详细解析以下专业术语：

术语：【需要解释的专业术语】

所属领域：【术语所属的专业领域或子领域】

我的背景：【你的专业背景和知识水平，以便调整解释深度】

请提供以下几个方面的解析：

基本定义（简明扼要的核心含义）

详细解释（深入、全面的概念阐述）

在实际工作中的应用场景（该术语在行业实践中的具体使用情境）

与其他相关术语的区别与联系（概念边界和关联网络）

通过这种模板，可以获得对专业术语的全景式理解，而不仅仅是简单的定义。这种深度解析能够帮助你更快融入专业领域，提升专业沟通能力，避免术语理解不到位导致的工作失误。

构建专业领域的术语词典

随着对某个领域学习的深入，我们通常需要掌握大量相关术语。零散地查询单个术语虽然能解决燃眉之急，但难以形成系统性认知。构建一个个人专用的专业术语词典，不仅能帮助我们系统掌握领域知识，还能在日常工作中将其作为快速参考工具。

DeepSeek 可以帮助我们根据特定需求，创建个性化的专业术语词典。这个词典不同于市面上的通用词典，可以根据使用者的专业背景、学习目标和应用场景进行定制，突出与个人工作或学习最相关的信息，忽略不必要的细节。

例如，一名转行到金融科技领域的 IT 工程师，可能需要一个既包含金融基础知识，又解释技术在金融中应用的术语词典；而一名医学研究人员可能需要重点关注特定疾病领域的最新术语和研究动态。DeepSeek 可以针对这些不同需求，生成高度定制化的术语资源。

专业术语词典生成提示：

请帮我创建一份关于【专业领域】的术语词典，以辅助我的【学习/工作/研究】：

需求背景：

我的专业背景：【当前专业知识和经验】

使用目的：【学习入门/工作参考/跨领域合作/研究深入】

重点关注的子领域：【该专业中特别需要了解的方向】

预期收录的术语数量：【期望词典收录的大致术语数量】

词典结构要求：

术语分类方式：【按字母顺序/按概念关联性/按重要程度/按应用场景】

每个术语的解释深度：【简明/标准/详尽】

是否包含相关术语引用：【是/否，指向词典中的其他相关术语】

是否包含英文对照：【是/否，提供术语的英文表达】

请首先提供一个完整的术语目录（分类列表），然后按照以下格式编写词条内容：

【术语名称】（英文对照，如需要）基本定义：一句话简明定义；详细解释：3—5句话的扩展解释；使用场景：该术语的典型应用情境；相关术语：与该术语密切相关的其他概念

像这样专业的提示语能帮助你获得一份高度个性化的专业术语词典，使你在专业学习和工作中有一个可靠的参考资源。相比于通用词典，这种定制化词典更符合个体的实际需求，能够显著提高学习效率和专业沟通能力。

专业文献的术语解读与简化

阅读专业文献时,我们经常会遇到大量专业术语和复杂表达,这些术语障碍可能会严重影响阅读理解效率,特别是对于刚接触该领域的初学者。即使是该领域的专业人士,在阅读跨学科研究或最新发展报告时,也可能面临类似困难。

DeepSeek 可以帮助我们解读专业文献中的术语和复杂概念,将其转化为更易理解的表达,同时保留原文的核心信息和专业准确性。这种"翻译"不是简单的词义替换,而是考虑到读者背景的针对性解释,让复杂内容变得通俗易懂。

专业文献术语解读提示:

请帮我解读以下专业文献中的术语和复杂表达,使其更易理解:

文献内容:【粘贴需要解读的专业文献段落或摘要】

解读需求:

我的背景知识:【对该领域的熟悉程度】

特别难理解的术语:【列出特别需要解释的术语】

解读深度:【基础解释/中等深度/深入解析】

是否保留专业准确性:【完全保留/适度简化/最大程度简化】

请提供以下内容:

文献的简化重述(用更易理解的语言重新表达原文内容)

关键术语解释(解释文中出现的重要专业术语)

核心观点提炼(总结文献的主要论点和结论)

背景知识补充(为理解文献提供必要的背景信息)

通过上面的提示语或是类似输入,可以让 DeepSeek 将晦涩难懂的专业文献转化为易于理解的内容，大大提高阅读效率和理解深度。特别是在跨领域学习或研究时，这种术语解读能够帮助你快速掌握新领域的核心知识，为深入学习打下基础。

应用案例：区块链技术术语解读

一名金融从业者近期需要参与涉及区块链技术的创新项目。虽然他在金融领域经验丰富，但对区块链技术了解有限，被大量专业术语如"共识机制""智能合约""去中心化自治组织（DAO）"等困扰，影响了对项目技术方案的理解能力。于是他寻求 DeepSeek 对这方面的解读。

用户输入：

请帮我创建一份关于区块链技术的术语词典，以辅助我的项目工作：

需求背景：

- 我的专业背景：金融领域从业10年，对传统支付和结算系统熟悉，但对区块链了解有限

- 使用目的：参与金融科技创新项目，需要与技术团队有效沟通

- 重点关注子领域：金融应用、支付系统、智能合约

- 预期收录术语数量：约30个核心术语

词典结构要求：

- 术语分类方式：按概念关联性

- 解释深度：标准（能让金融背景人士理解）

- 包含相关术语引用：是

- 包含英文对照：是

- 特别要求：与传统金融概念对比说明，便于理解

DeepSeek 回应：

区块链技术术语词典（金融应用视角）

一、基础概念

区块链（Blockchain）

基本定义：一种分布式数据存储技术，通过密码学方式将数据区块按时间顺序连接。

详细解释：类似分布式账本，交易信息公开透明且不可篡改。与传统中心化数据库不同，区块链无须中央机构验证，通过共识机制确保数据有效性。

使用场景：数字货币交易记录、跨境支付、供应链金融等。

相关术语：分布式账本、共识机制、哈希算法。

去中心化（Decentralization）

基本定义：系统或应用不依赖中央权威机构运行的特性。

详细解释：传统金融系统如银行和清算所是中心化机构，而区块链通过分布式网络实现功能，无需可信第三方。去中心化程度有所不同，从完全去中心化到部分去中心化都有应用。

使用场景：点对点支付、无信任交易、抵制审查的应用。

相关术语：中心化、分布式系统、权力下放。

……

通过 DeepSeek 定制的区块链术语词典，能够系统了解区块链技术在金融领域的应用，从而在项目讨论中理解技术概念并积极参与。特别是词典中将区块链概念与传统金融系统进行对比的部分，可以帮助该金融从业者快速将新概念与已有知识建立联系，实现了知识的有效迁移，可以大大提高跨领域合作的效率。

三、用 DeepSeek 辅助阅读、写作与表达能力训练

阅读理解、书面表达和口头沟通是现代人必不可少的核心能力，无论是学术进修、职业发展还是个人成长，都需要不断提升这些基础素养。然而，传统的能力训练方法往往单调乏味、缺乏针对性，难以坚持，效果也不尽如人意。

DeepSeek 作为 AI 助手，可以为我们提供个性化的阅读、写作和表达能力训练支持，从多角度分析我们的能力短板，提供有针对性的练习材料和改进建议，帮助我们循序渐进地提升这些关键能力。无论是提高阅读速度和理解深度，还是增强写作流畅度和论证逻辑，或是提升口头表达的清晰度和说服力，DeepSeek 都能提供专业化的辅助。

深度阅读辅助与理解提升

高效的阅读不仅仅是快速浏览文字，更重要的是准确把握核心信息、理解作者意图、分析文本结构和评估观点论证。特别是面对专业文献、学术论文或复杂报告时，深度阅读能力显得尤为重要。传统阅读往往缺乏互动性和针对性指导，导致阅读效率和理解深度难以提升。

DeepSeek 可以作为我们的阅读教练，通过多种方式提升阅读效能：首先，它可以对文本进行预处理，如提取关键概念、生成摘要或构建知识图谱，帮助我们在阅读前建立整体框架；其次，它可以在阅读过程中提供解释、补充背景知识或回答问题，帮助我们克服理解障碍；最后，它可以在阅读后通过提问、讨论或内容转化等方式，帮助我们深化理解和记忆。

通过与 DeepSeek 的对话式阅读，我们可以将被动接收信息转变为主动探索知识，显著提升阅读效果和学习体验。

深度阅读辅助提示：

请作为阅读理解教练，帮助我深入理解以下文本：

文本内容：【粘贴需要理解的文本】

阅读需求：

阅读目的：【了解概况／掌握细节／批判性分析／准备考试】

当前理解水平：【初步接触／有基础了解／中等熟悉度】

主要困难：【背景知识不足／概念难以理解／结构复杂／术语陌生】

特别关注点：【希望重点理解的内容或概念】

请提供以下帮助：

核心内容摘要（用简明语言概述主要内容）

结构分析（解析文本的组织结构和逻辑流程）

关键概念解释（解释文中的关键术语和复杂概念）

深度理解问题集（提出 3—5 个促进深度思考的问题及参考答案）

这样，你可以将任何复杂文本转化为一次深度学习体验。DeepSeek 不仅会帮你解析内容，还会引导你进行更深层次的思考和理解，远超出简单阅读所能达到的效果。这种主动式、对话式的阅读方式可以显著提高信息吸收率和理解深度。

写作能力培养与风格提升

优秀的写作能力是学术成功和职业发展的重要因素，无论是撰写研究论文、商业报告、项目计划还是日常邮件，清晰、准确、有说服力的文字表达都能为我们赢得更多机会和认可。然而，写作能力的提升通常需要大量练习和专业指导，这对于时间有限的学生和职场人士来说是一大挑战。

DeepSeek 可以作为我们的写作教练，通过多种途径帮助我们提升写作能力：它可以分析我们的写作样本，识别优势和不足；提供针对性的写作练习和反馈；示范不同风格和结构的写作；以及对我们的草稿提出改进建议。这种个性化的写作指导，可以帮助我们在实际写作任务中逐步提升能力。

特别是对于需要掌握特定写作风格（如学术论文、商业提案、创意写作等）的人来说，DeepSeek 的风格分析和模拟能力尤为有用。它可以帮助我们理解不同风格的核心特征，并通过练习让我们逐步掌握这些风格的写作技巧。

写作能力培养提示：

请作为写作教练，帮助我提升【目标写作类型】的写作能力：

我的写作情况：

当前写作水平：【初级／中级／高级】

需要提升的具体方面：【结构组织／语言表达／论证逻辑／风格调整】

写作目标：【学术论文／商业报告／创意写作／日常沟通】

参考样本：【可以提供自己的写作样本，或者描述典型案例】

请提供以下帮助：

写作能力评估（基于提供的信息分析优势和不足）

针对性提升建议（3—5 个具体可操作的改进方向）

写作练习设计（2—3 个有针对性的练习任务）

风格示范（提供目标风格的范例段落和解析）

DeepSeek 能帮助你获得个性化的写作能力培养计划。相比通用的写作指南，这种针对个人需求和目标的写作指导更具针对性和实用性，能够帮助你在较短时间内取得明显进步。

口头表达与演讲技巧训练

有效的口头表达能力在学术报告、工作汇报、商务谈判和日常沟通中都至关重要。一个优秀的演讲者不仅能清晰传递信息，还能吸引听众注意、引发共鸣并促成行动。然而，很多人在口头表达时面临各种挑战，如紧张焦虑、结构混乱、语言苍白或难以应对问题。

DeepSeek 可以作为我们的演讲教练，从内容准备到表达技巧，提供全方位的指导。它可以帮助我们构思演讲内容、组织逻辑结构、设计引人入胜的开场和有力的结尾、准备有说服力的论据、预测并回应可能的问题，以及提供克服紧张的实用技巧。

口头表达训练提示：

请作为演讲与口头表达教练，帮助我准备并提升以下演讲/报告：
演讲情况：
演讲主题：【演讲的具体主题和目的】
听众背景：【听众的专业背景、知识水平和兴趣点】
时间限制：【演讲的预计时长】
场合性质：【正式/非正式，学术/商业/社交等】
我的挑战：【紧张/结构混乱/语言单调/回应问题困难等】
请提供以下帮助：
演讲结构设计（引人入胜的开场、清晰的主体和有力的结尾）
核心信息提炼（应重点传达的3—5个关键信息）

表达技巧建议（语速、语调、肢体语言、眼神接触等）

潜在问题预测与回应（可能被问到的问题及如何回答）

DeepSeek 可以帮你获得全方位的演讲准备支持。无论是重要的工作汇报、学术演讲还是公开演说，这种系统化的指导都能帮助你准备更充分、表现更出色。通过反复练习和优化，你的口头表达能力将显著提升。

应用案例：学术论文写作能力提升

一名硕士研究生在专业知识方面表现出色，但在学术论文写作上屡屡受挫。导师经常指出他的论文存在结构不清晰、论证不严密、学术表达不规范等问题。多次修改后，这名学生感到挫折和困惑，不知如何有效提升自己的学术写作能力。

用户输入：

请作为学术写作教练，帮助我提升研究论文的写作能力：

我的写作情况：

- 当前写作水平：中级（专业术语掌握良好，但组织结构和论证有问题）

- 需要提升的具体方面：论文结构组织、研究问题阐述、方法描述、结果分析的深度

- 写作目标：计算机科学领域的学术期刊论文

- 导师反馈：研究问题陈述不清晰、方法描述缺乏逻辑性、结果分析过于表面、学术表达不精准

请提供针对性的写作能力提升计划，帮助我改进这些问题。

DeepSeek 回应：

学术论文写作能力提升计划

写作能力评估

根据您提供的信息,您的写作挑战主要集中在四个方面:

1. 研究问题的清晰阐述

2. 方法描述的逻辑性

3. 结果分析的深度

4. 学术表达的精准性

您的优势是专业术语掌握良好,表明您对研究领域有扎实理解,这是提升学术写作的重要基础。

针对性提升建议

1. 研究问题阐述

— 明确研究缺口:使用"尽管……然而……"结构,先肯定现有研究成果,再指出尚未解决的问题

— 问题表述具体化:避免宽泛陈述,使用具体数据或案例说明问题的重要性和紧迫性

— 采用研究问题层级化:将主要研究问题分解为 2—3 个子问题,便于读者理解研究范围和深度

……

通过 DeepSeek 提供的系统性写作提升计划,这名研究生能获得清晰的改进路径和实用工具。这种个性化的写作指导针对他面临的具体挑战,不仅提供了理论指导,还给出了具体的操作步骤和练习方法。

四、用 DeepSeek 让孩子的学习成绩飞升

教育是每个家庭的重要议题，家长们都希望为孩子提供最好的学习支持，帮助他们在学业上取得成功。然而，面对不断变化的教育内容和方法，许多家长感到力不从心：或因工作繁忙无暇辅导，或因知识断层难以解答孩子的疑问，或因教学方法不当反而引起孩子的抵触情绪。传统的补习班和家教不仅费用高昂，而且缺乏个性化和灵活性。

DeepSeek 作为 AI 学习助手，可以为家庭教育提供高效、经济且个性化的解决方案。它能够根据孩子的学习特点和需求，提供定制化的学习材料、耐心细致的问题解答、趣味互动的知识讲解及科学有效的学习方法指导，成为家长和老师的有力补充，帮助孩子全面提升学习成绩和能力。

个性化学习计划与诊断

每个孩子的学习能力、知识基础和学习风格各不相同，标准化的教学内容和进度往往无法满足所有学生的需求。有些孩子可能在数学上表现出色但语文写作较弱，有些则可能理解力强但记忆力差，这些个体差异使得个性化学习变得尤为重要。

传统教育环境中，由于师资和时间限制，教师难以为每位学生提供完全个性化的教学。家长也往往缺乏专业的教育评估工具和方法，难以准确识别孩子的学习特点和需求。DeepSeek 可以弥补这一缺口，通过系统性的学习诊断和评估，帮助家长了解孩子的学习状况，发现潜在问题，并制定针对性的学习计划。

DeepSeek 可以根据孩子的学习表现、兴趣爱好和认知特点，设计个性化的学习路径和内容。这种定制化的学习方案能够充分发挥孩子的优势，

有针对性地加强薄弱环节，使学习过程更加高效和愉快。

学习诊断与规划提示：

请作为教育顾问，帮我为孩子进行学习诊断和制定学习计划：
孩子的学习情况：
年龄/年级：【孩子的年龄和当前年级】
学科表现：【各主要学科的成绩和表现情况】
学习习惯：【目前的学习方式、时间安排和习惯】
兴趣爱好：【孩子感兴趣的领域和活动】
学习困难：【目前面临的主要学习问题和挑战】
请提供以下内容：
学习能力评估（分析孩子的学习优势和不足）
学习风格诊断（识别最适合孩子的学习方式）
个性化学习计划（包括内容安排、方法建议和时间规划）
针对薄弱环节的强化策略（具体的提升方法和资源）

将这种指令输入给 DeepSeek，你可以获得一份专业、全面且针对性强的学习诊断和计划。相比于通用的学习指导，这种基于个体特点的方案更能激发孩子的学习潜能，提高学习效率和成绩。家长可以根据这份计划，为孩子提供更精准的学习支持，避免盲目跟风或无效努力。

学科难点突破与知识巩固

在学习过程中，孩子们常常会遇到各种学科难点：或是概念难以理解，或是方法难以掌握，或是知识点难以记忆。这些"拦路虎"如果不能及时攻克，不仅会影响当前学习进度，还可能导致知识断层，影响后续学习。

传统教学中，由于课堂时间有限，教师难以针对每个学生的困惑进行详细解答。课后，家长若无法提供专业指导，孩子的问题往往得不到及时解决。DeepSeek 可以成为随时可用的学科辅导老师，针对特定难点提供多角度、多层次的解释和练习，帮助孩子突破学习瓶颈。

特别是对于那些抽象概念和复杂理论，DeepSeek 可以通过生动的比喻、直观的例子和循序渐进的讲解，将难以理解的知识点转化为易于接受的内容。同时，通过设计针对性的练习和复习方案，帮助孩子巩固所学知识，形成完整的知识体系。

学科难点突破提示：

请作为【学科】教师，帮助我的孩子理解并掌握以下难点知识：

学习情况：

孩子年级：【当前年级】

学科难点：【具体的难懂概念、定理、方法或知识点】

当前理解水平：【孩子目前对该知识点的理解程度和具体困惑】

学习风格：【孩子偏好的学习方式，如视觉型/听觉型/实践型】

请提供以下帮助：

简化解释（用孩子能理解的语言解释该知识点）

形象类比（通过生活中的例子或比喻使概念具象化）

阶梯式讲解（将复杂知识分解为递进的小步骤）

练习设计（3—5个由浅入深的针对性练习题）

由此，你可以通过 DeepSeek 获得对特定学科难点的全方位解析和指导。这种个性化、有针对性的学习支持能够帮助孩子快速突破学习障碍，建立学习信心。相比于简单的题海战术，这种理解为先、练习为辅的方法更有利于培养孩子的学科思维和解决问题的能力。

趣味学习与知识探索

学习兴趣是最好的老师。孩子对学习产生浓厚兴趣时，会主动探索、积极思考、勇于尝试，学习效果自然大幅提升。然而，传统教育中的标准化教学和应试压力，往往会削弱孩子的学习兴趣，使学习变成一种负担而非乐趣。

DeepSeek 可以通过多种方式激发和维持孩子的学习兴趣：将抽象知识与生活实际联系，设计趣味性与教育性并重的互动活动，根据孩子的兴趣点引导知识探索，以及创造轻松愉快的学习氛围。这种寓教于乐的方式，能够让孩子在快乐中学习，在探索中成长。

特别是对于那些对传统学习方式提不起兴趣的孩子，DeepSeek 可以根据他们的个性特点和兴趣爱好，设计个性化的学习体验，如将数学知识融入游戏设计、将历史学习变成角色扮演、将科学原理通过实验展示等，使学习过程更加生动有趣。

趣味学习设计提示：

请作为创意教育专家，为我的孩子设计一个有趣的学习活动 / 项目：

情境信息：

孩子年龄：【孩子的年龄】

学习主题：【需要学习的知识点或技能】

兴趣爱好：【孩子特别感兴趣的事物或活动】

可用资源：【家中可用的材料、工具或环境】

请设计以下内容：

活动概念（创意名称和基本理念）

教育目标（该活动将帮助孩子学习的具体知识点）

活动流程（详细的步骤说明和时间安排）

引导问题（促进思考和讨论的关键问题）

DeepSeek 可以给你一个既有教育价值又充满乐趣的学习活动方案。这种融合了孩子兴趣的学习方式，能够有效激发学习动力，加深知识理解和记忆。相比于枯燥的课本学习，这种体验式、探索式的学习更能培养孩子的创造力、批判性思维和解决问题的能力。

学习方法指导与能力培养

优秀的学习成绩不仅源于知识的积累，更依赖于科学的学习方法和良好的学习能力。许多学生虽然刻苦努力，但因为缺乏有效的学习策略和方法，付出与回报往往不成正比。相反，掌握了科学的学习方法，能够事半功倍。

DeepSeek 可以根据孩子的认知特点和学科需求，提供个性化的学习方法指导，包括记忆技巧、阅读策略、笔记方法、时间管理、考试技巧等。这些方法不仅能提高学习效率，还能培养孩子的自主学习能力，为终身学习奠定基础。

特别是在培养核心学习能力方面，如专注力、思考力、创造力、自律性等，DeepSeek 可以提供系统性的训练方案和实践建议，帮助孩子全面发展关键能力，而不仅仅是提高考试分数。

学习能力培养提示：

请作为学习能力培训专家，为我的孩子提供以下方面的学习能力提升指导：

基本情况：

孩子年龄/年级：【孩子当前的年龄和年级】

目标能力：【需要提升的具体学习能力，如专注力/记忆力/思维能力/自律性等】

当前状况：【孩子在该能力方面的表现和不足】

个性特点：【孩子的性格和学习偏好】

请提供以下内容：

能力诊断（分析该能力的构成要素和发展规律）

系统训练计划（循序渐进的能力培养路径）

日常练习活动（3—5个可在日常生活中实施的训练活动）

学科结合策略（如何在各学科学习中同步强化该能力）

通过DeepSeek得到一份针对特定学习能力的专业培养方案。方案里这种系统性的能力训练，比单纯的学科知识学习更具长期价值，能够帮助孩子建立终身受益的学习能力。相比于关注短期成绩，培养核心学习能力将为孩子未来的学习和发展奠定更坚实的基础。

应用案例：小学数学学习困难突破

比如，一名四年级学生在语文和其他学科表现良好，但数学却是他的薄弱环节，特别是在学习分数和应用题时感到困惑和挫折。尽管家长尝试过各种方法帮助，包括报补习班和购买辅导资料，但效果不明显，孩子对数学的兴趣逐渐降低，甚至开始害怕数学课。

用户输入：

请作为小学数学教师，帮助我的孩子理解并掌握分数概念和应用题解题方法：

学习情况：

- 孩子年级：四年级

- 学科难点：分数的概念理解和应用题解决

- 当前理解水平：能做简单计算，但对分数实际意义理解模糊，面对应用题无从下手

- 学习风格：视觉型学习者，喜欢具体实例，容易分心，遇到难题易放弃

- 兴趣爱好：喜欢体育和手工活动，对游戏有浓厚兴趣

DeepSeek 回应：

小学四年级数学学习提升计划：分数概念与应用题
诊断分析

根据描述，您的孩子面临两个主要挑战：分数概念的深入理解和应用题的解题能力。这些困难很常见，尤其对视觉型学习者，需要通过具体、可视化的方法建立直观认识。

三阶段提升方案

阶段一：分数概念重建（1—2周）
视觉化理解分数
实物教学活动：使用彩色纸片或积木进行"分割游戏"
－准备工作：准备正方形彩纸10张，不同颜色积木若干
－活动流程：
　1. 将一张纸对折，讨论"一个变成了几个？每部分是整体的几分之几？"
　2. 继续折叠，观察分母变化规律
　3. 用积木搭建"分数塔"，直观展示分数大小关系
……

通过 DeepSeek 提供的个性化数学学习方案，学生可以从根本上重建对分数的理解，重新掌握应用题解题方法。方案特别考虑了孩子的视觉学习风格和兴趣，将抽象的数学概念转化为具体可见的实物操作和游戏活动，有效激发了学习兴趣。这样有针对性的方式可以让孩子的数学成绩显著提升，更重要的是重新建立了学习信心，不再畏惧数学课。

五、用 DeepSeek 解决生活中的法律纠纷

生活中难免会遇到各种法律问题和纠纷，从房屋租赁合同争议、消费权益纠纷、劳动合同纠纷到交通事故处理，这些问题不仅让人头疼，还可能耗费大量时间和金钱。专业的法律服务费用高昂，而自行查阅法律条文又因专业性强、内容繁杂而困难重重。

DeepSeek 凭借其对法律知识的深入理解和分析能力，可以成为我们解决日常法律问题的得力助手。它能够解读法律条款、分析案例规律、提供处理建议，帮助我们在面对法律纠纷时更加从容、理性，维护自身合法权益，避免不必要的损失。当然，DeepSeek 提供的是初步的法律分析和建议，对于复杂的法律问题，仍然建议咨询专业律师。

合同解读与风险评估

合同是现代生活中不可避免的法律文件，从房屋租赁、产品购买到工作聘用，都涉及各类合同的签署。然而，合同中的专业术语和复杂条款往往让普通人难以全面理解，容易在不知情的情况下签署了对自己不利的条款，埋下日后纠纷的隐患。

DeepSeek 可以帮助我们解读各类合同，识别潜在风险点，提供针对性的修改建议，确保我们在签约前充分了解自己的权利义务。特别是对于那些条款繁多、表述晦涩的"霸王合同"，DeepSeek 的专业分析可以揭示隐藏在法律术语背后的实际含义，避免我们因信息不对称而处于不利地位。

此外，对于已经签署的合同，当出现争议或对方违约时，DeepSeek 也可以帮助分析合同中的相关条款，明确各方责任，并提供解决方案建议，

最大限度保护我们的合法权益。

合同解读与风险评估提示：

请作为法律顾问，帮我解读并评估以下合同：

合同信息：

合同类型：【租赁合同/劳动合同/购房合同/服务协议等】

合同目的：【描述签订该合同的具体目的和背景】

我的角色：【在合同中的身份，如租客/雇员/买方/消费者等】

主要关注点：【特别需要了解的条款或担忧的风险】

合同内容：【粘贴需要分析的合同条款或全文】

请提供以下分析：

合同要点概述（简明总结主要条款内容和核心义务）

权利义务分析（详细解释我方和对方的权利与义务）

风险条款识别（指出对我方不利或风险较高的条款）

谈判/修改建议（针对风险条款的具体修改建议）

通过这样的提示语，可以在签署合同前获得专业的法律分析和建议，避免因合同陷阱而遭受损失。相比于盲目签约或花费高额咨询费，这种方式既经济又高效，能够帮助你在合同谈判中掌握主动权，签订更公平合理的协议。

消费维权与投诉指导

在日常消费过程中，我们难免会遇到商品质量问题、服务不达标、虚假宣传等情况。面对这些问题，很多消费者不清楚自己的权益边界，不知道如何有效投诉和维权，往往因缺乏专业知识和经验而放弃追究或得不到合理赔偿。

DeepSeek 可以为消费者提供专业的维权指导，包括相关法律法规解读、维权途径建议、证据收集方法、投诉信和协商函的撰写等。通过系统性的分析和建议，帮助消费者更有针对性地开展维权行动，提高成功率。

消费维权指导提示：

请作为消费者权益保护专家，为我提供以下消费纠纷的维权指导：

消费纠纷情况：

消费类型：【商品购买／服务消费／网络购物等】

消费时间和金额：【消费发生的时间和涉及金额】

纠纷描述：【详细描述消费过程和出现的问题】

商家反应：【商家对投诉的态度和处理方式】

期望解决方案：【希望达成的结果，如退款／换货／赔偿等】

已有证据：【目前保留的票据、聊天记录、商品照片等证据】

请提供以下指导：

权益评估（分析我作为消费者的合法权益和适用法规）

维权策略（推荐最有效的维权途径和方法）

证据准备建议（需要补充收集的证据和注意事项）

投诉信／协商函模板（根据情况提供有针对性的文本模板）

向 DeepSeek 说明详细的情况，你才可以获得一份系统、专业的消费维权指导方案。这种有理有据、有章有法的维权方式，比起盲目投诉或情绪化表达，更能有效保护你的消费权益。即使面对复杂的消费纠纷，你也能够从容应对，争取最大程度的赔偿和最优解决方案。

劳动关系处理与权益保障

工作生活中，我们可能会遇到各种劳动争议问题，如工资拖欠、不合理加班、非法解雇、社保缴纳不规范等。面对这些影响切身利益的问题，很多劳动者因为法律知识不足、证据不完善、担心影响工作等原因，选择忍气吞声或无效维权。

DeepSeek 可以帮助劳动者了解劳动法律法规，明确自身权益边界，采取有效的维权措施。从入职前的劳动合同审查，到工作中的权益保障，再到离职时的合法程序，DeepSeek 能够提供全方位的劳动关系指导，帮助劳动者在职场中更好地保护自己。

特别是在处理复杂的劳动纠纷时，DeepSeek 可以帮助分析争议焦点，评估证据优劣，制定维权策略，并提供相关文书的撰写指导，大大提高劳动维权的效率和成功率。

劳动争议处理提示：

请作为劳动法专家，为我提供以下劳动争议的处理建议：
劳动争议情况：
争议类型：【工资纠纷/加班费/解雇赔偿/社保问题等】
就业情况：【工作性质、入职时间、职位、薪资标准等】
劳动合同状况：【是否签订书面合同及主要条款】
争议详情：【详细描述争议产生的原因和经过】
公司反应：【企业对争议的态度和处理方式】
希望达成的结果：【期望获得的赔偿或解决方案】
现有证据：【已掌握的合同、工资单、聊天记录等证据】
请提供以下指导：
权益分析（根据劳动法规分析我应享有的合法权益）
争议焦点判断（指出争议的核心法律问题）

证据评估与建议（评估现有证据的有效性及补充建议）

解决方案路径（推荐处理该争议的最佳途径，从协商到仲裁）

这样你就可以清晰地让 DeepSeek 知道你的需求，有针对性地给你一份针对具体劳动争议的专业解决方案。这种有理有据的维权指导，既考虑法律层面的权益保障，又兼顾实际操作的可行性，帮助你在劳动关系中更有效地保护自身权益，争取合理合法的待遇。

交通事故处理与责任认定

交通事故是生活中较为常见的法律问题，即使是轻微的碰擦事故，也可能涉及复杂的责任认定、保险理赔和损失赔偿等问题。对于缺乏相关经验的普通人来说，如何在事故发生后正确处理，维护自身权益，往往是一大挑战。

DeepSeek 可以提供交通事故处理的全流程指导，包括事故现场证据收集、报警流程、责任初步判断、与保险公司沟通、医疗费用处理及后续赔偿协商等。通过专业、系统的分析和建议，帮助事故相关方更加冷静、理性地处理事故，避免因处理不当而增加损失或责任。

交通事故处理提示：

请作为交通法律专家，为我提供以下交通事故的处理指导：
事故情况：
事故类型：【机动车相撞 / 车辆刮蹭 / 车辆与行人等】
事故发生时间和地点：【事故的具体时间和发生地】
事故经过：【详细描述事故发生的过程和现场情况】
人员伤亡情况：【是否有人员伤亡及伤情程度】
财产损失情况：【车辆和其他财产的损坏情况】

当前处理进度：【已进行的处理步骤，如报警、送医等】

请提供以下指导：

紧急处理步骤（如果刚发生事故，应立即采取的措施）

证据收集要点（需要保存的现场证据和注意事项）

责任初步分析（根据交通法规对事故责任的初步判断）

保险理赔指南（如何与保险公司沟通和办理理赔）

你可以在交通事故发生后获得有序、全面的处理指导。无论是轻微事故还是重大事故，这种系统性的处理方案都能帮助你保持冷静，最大程度保护自身权益，同时合理承担应负责任。特别是对于首次遇到交通事故的人来说，这样的指导可以避免经验不足导致的处理失误。

应用案例：租房合同纠纷解决

我的一名同事是一名刚毕业的大学生，他初入职场，租了一套单身公寓。入住半年后，房东突然通知要提前终止合同，理由是房价上涨，要将房子重新出租。同事对此表示不满，但不清楚自己的权益和应对策略。查阅租赁合同后，他发现有一条模糊条款，提到"如有特殊情况，房东可提前终止合同"，但没有明确特殊情况的定义和提前终止的补偿措施。

用户输入：

请作为法律顾问，帮我解读并评估以下租房纠纷：

合同信息：

- 合同类型：住房租赁合同

- 合同目的：租赁单身公寓居住用

- 我的角色：租客

- 签约时间：半年前，租期为一年

- 主要关注点：房东以房价上涨为由要求提前终止合同是否合法

争议情况：

- 房东突然通知要在下月终止合同，理由是"房价涨了，要重新出租"
- 合同中有条款称"如有特殊情况，房东可提前终止合同"，但未定义特殊情况
- 我已支付了全年房租中的半年部分
- 我不想搬出，认为合同应继续履行到期

DeepSeek 回应：

租房合同纠纷分析与建议

合同效力分析

根据您提供的情况，我对该租赁纠纷有以下法律分析：

1. 合同有效性：您与房东签订的租赁合同是有效的民事合同，双方均有义务履行。租期为一年，目前仅过半，合同仍在有效期内。

2. 关于"特殊情况"条款：

— 此类模糊表述在法律上通常会被严格解释。"特殊情况"一般指不可抗力或重大意外事件，而非普通市场变动。

— 房价上涨属于正常市场风险，不构成法律意义上的"特殊情况"。

— 合同中未明确定义"特殊情况"，根据合同解释原则，模糊条款应作对弱势方（租客）有利的解释。

3. 房东行为性质：

— 房东单方面以房价上涨为由终止合同，在法律上构成违约行为。

- 如果房东强制要求您搬出，可能还构成"强制驱逐"，侵犯您的合法居住权。

　　……

　　建议应对策略
　　1. 书面回应：向房东发送正式书面回复，清晰表明您的立场
　　　- 说明房价上涨不构成合同中的"特殊情况"
　　　- 表明您希望继续履行合同至租期结束
　　　- 引用相关租赁法规保护租客权益的条款

　　……

　　通过 DeepSeek 的专业分析和建议，同事获得了清晰的法律依据和具体的应对策略。他根据建议正式回复房东，并提出了合理的解决方案。最终，让房东认识到单方面终止合同的法律风险，同意继续履行原合同。这个案例展示了如何通过理性、专业的法律分析，有效保护自身权益，避免不必要的损失和冲突。当然，如果我们遇到更加专业的法律问题，一是参考 DeepSeek 给出的建议，二是要咨询更加专业的法律人员意见，来帮助我们解决实际问题。

六、用 DeepSeek 做你健康的指导师

在现代社会，健康问题日益受到关注，但面对纷繁复杂的健康信息，很多人常常感到迷茫。从日常饮食规划、科学运动方案到常见健康问题的应对，人们需要花费大量时间查阅资料，甚至可能因信息碎片化而无法获得系统性的健康指导。专业医疗咨询的高昂费用，也让很多人望而却步。

DeepSeek 凭借其对医学知识的深入理解和分析能力，可以成为我们日常健康管理的得力助手。它能够根据个人情况提供个性化的健康建议，帮助我们科学制定饮食计划、运动方案，以及提供常见健康问题的初步分析。当然，DeepSeek 提供的是一般性的健康建议和生活方式指导，对于具体的疾病诊断和治疗，仍然建议咨询专业医生。

个性化饮食规划与营养建议

合理的饮食是维持健康的基础，但面对各种饮食流派和营养理念，很多人难以判断什么才是适合自己的饮食方式。

DeepSeek 可以根据个人的健康状况、生活习惯、身体目标等因素，提供科学合理的饮食建议。它会考虑个人的年龄、性别、体重、活动水平、饮食偏好和可能的健康问题，设计出既符合营养学原理，又切实可行的饮食计划。

个性化饮食规划提示：

请作为营养学专家，为我制定一份个性化饮食计划：
个人信息：

年龄：【填写你的年龄】

性别：【男／女】

身高体重：【填写身高和体重】

活动水平：【久坐／轻度活动／中度活动／高度活动】

健康目标：【减肥／增肌／维持健康／改善特定健康问题等】

饮食偏好：【喜欢和不喜欢的食物，饮食习惯等】

特殊情况：【过敏／不耐受／已知疾病／服用药物等】

请提供以下内容：

营养需求分析（基于我的情况分析每日所需的热量和主要营养素）

每日饮食结构建议（三餐和加餐的合理搭配）

推荐食物清单（适合我的健康食物和适量建议）

一周示例食谱（考虑实用性和可操作性）

饮食技巧与建议（如何在实际生活中坚持健康饮食）

DeepSeek 给你的是一份基于科学的、个性化的饮食方案，而不是千篇一律的通用建议。这种考虑个体差异的饮食指导，比起盲目跟风或采用极端饮食法，更有利于长期健康和目标达成。无论是想要改善体重、增强体质还是管理健康问题，这都是一个理性、科学的起点。

科学运动计划与健身指导

运动是健康生活的重要组成部分，但对于大多数人来说，如何科学有效地进行运动却是一个难题。错误的运动方式不仅达不到预期效果，严重时还可能导致运动损伤。而私人教练的费用又往往不菲，使得专业指导难以普及。

DeepSeek 可以根据个人的身体条件、健康状况、运动目标和可用设备等因素，设计出系统、科学的运动计划。它可以推荐适合的运动类型、强度、频率和持续时间，并提供详细的动作指导和注意事项，让运动更加安全有效。

对于初学者，DeepSeek 可以提供循序渐进的入门计划，降低上手难度；对于有一定基础的人，则可以设计更具挑战性的进阶方案。无论是以减脂塑形为目标，还是以增肌强体为追求，DeepSeek 都能提供专业、有针对性的运动建议，帮助我们在健身之路上更加顺畅地前行。

个性化运动计划提示：

请作为健身教练，为我制定一份个性化的运动计划：

个人信息：

年龄：【填写你的年龄】

性别：【男／女】

身体状况：【身高、体重、健康状况】

运动基础：【无经验／初级／中级／高级】

运动目标：【减脂／增肌／提高耐力／改善体态／康复等】

可用时间：【每周可用于运动的天数和每次时长】

可用设备：【家庭器材／健身房／户外场地等】

特殊限制：【关节问题／旧伤／身体不适等限制因素】

请提供以下内容：

运动类型推荐（适合我目标和条件的运动类型组合）

周计划安排（每周各天的运动内容和强度分配）

详细训练方案（包括具体动作、组数、次数、间歇时间等）

热身和拉伸指导（运动前后必要的准备和恢复动作）

DeepSeek 会根据你的提示，给你一份像专业教练设计的训练计划，而不是网上随处可见的通用方案。这种根据个人情况定制的运动指导，能够最大限度地保证安全性和有效性，帮助你避免运动损伤和训练平台期，更高效地达成健身目标。特别是对于健身新手来说，这样的指导能够建立正确的运动习惯和技术基础，为长期健康打下坚实基础。

健康习惯养成与行为改变

良好的健康习惯是长期健康的基础，但建立并坚持这些习惯往往充满挑战。从戒烟限酒、规律作息到坚持运动，很多人明知道这些行为的重要性，却难以在日常生活中持续执行。传统的意志力模式往往难以支撑长期的行为改变，导致大多数健康计划半途而废。

DeepSeek 可以基于行为心理学和习惯养成理论，为我们提供科学有效的习惯建立策略。它不仅能够解释为什么某些健康习惯难以坚持，还能提供具体的实施方案，包括目标设定、环境调整、进度追踪、奖惩机制等，帮助我们克服惰性和各种障碍，逐步将健康行为融入日常生活。

特别是对于那些需要长期坚持的健康习惯，如定期运动、均衡饮食、充足睡眠等，DeepSeek 可以提供分阶段的渐进计划，设定合理的期望和小目标，通过积累小成功来建立信心，最终实现持久的行为改变和健康提升。

健康习惯养成提示：

请作为健康行为改变专家，帮我制定一个习惯养成计划：
目标习惯信息：
需要养成的习惯：【如每天运动 30 分钟 / 戒糖 / 早睡早起等】
当前状况：【目前与目标习惯的差距】
过去尝试：【之前尝试建立此习惯的经历和失败原因】
主要障碍：【阻碍你养成这个习惯的主要因素】

个人特点：【如自律性强弱、动机类型、生活规律性等】

请提供以下内容：

目标分解（将大目标分解为可管理的小步骤）

习惯触发设计（如何将新习惯与现有日常活动关联）

环境优化建议（如何调整环境以支持新习惯）

进度追踪系统（如何记录和评估习惯养成进展）

通过 DeepSeek 获得一份基于行为科学的习惯养成方案，而不是仅依靠意志力的简单计划。这种系统性的行为改变策略，考虑了习惯形成的心理机制和个人特点，大大提高了成功率。无论是要建立健康饮食习惯、规律运动习惯还是良好睡眠习惯，这都是一个科学有效的起点，帮助你从"知道应该做什么"转变为"实际做到了"。

应用案例：中年上班族的健康管理

比如，有一名 40 岁的 IT 行业中层管理者面临健康问题：工作繁忙，长期久坐办公，近两年体重增加，经常疲惫，有轻微高血压和腰背疼痛，血脂偏高。医生建议改善生活方式，但在繁忙工作和家庭责任下，他不知如何有效改善健康状况。

用户输入：

请作为健康管理专家，为我设计一个实用的健康改善计划：

个人情况：

- 40 岁男性，IT 行业管理岗位

- 每天工作 10—12 小时，久坐办公 8—10 小时

- 体重：85kg，身高：175cm，体重两年内增加 10kg

- 健康问题：轻度高血压（145/90），血脂偏高，腰背疼痛，

经常疲惫

－生活习惯：早8点至晚11点工作，饮食不规律，多为外卖，基本无运动习惯，每周应酬2—3次

－限制因素：工作繁忙时间有限，有家庭责任，住所附近无健身设施

希望得到实际可行的方案，能融入我的日常生活而不增加太多额外负担。

DeepSeek 回应：

忙碌 IT 管理者的实用健康改善计划

根据您的情况，我设计了一个分阶段、低门槛的健康改善计划，特别考虑了您工作繁忙和时间有限的现实情况。

第一部分：办公室环境的饮食调整

快速健康午餐方案

－预规划制度：周日晚上花 15 分钟规划下周午餐

－快速健康便当：

*简易三明治（全麦面包＋鸡胸肉＋蔬菜）搭配水果

*沙拉罐：预先准备好的分层沙拉（底层酱料＋硬质蔬菜＋蛋白质＋软质蔬菜＋坚果）

*蒸煮类便当：周末一次性准备多份冷藏

－分餐盒建议：使用三格餐盒控制碳水、蛋白质和蔬菜比例（4:3:3）

……

第二部分：低门槛运动开始方案

办公室微运动系统

－每小时提醒：设置手机提醒，每工作 1 小时站立伸展 5 分钟

－会议前后伸展：每次会议前后完成简单的 1 分钟伸展

－办公座椅操：

★椅子上的腿部伸展（每小时 5 次）

★坐姿腰部旋转（每次会议后 30 秒）

……

    通过 DeepSeek 设计的个性化健康管理方案，这位 IT 管理者可以实现将健康行为融入繁忙的工作和生活中。方案特别考虑了他的时间限制和工作环境，从微小改变开始，设计了切实可行的饮食调整、低门槛运动方案和生活习惯改善策略。这个案例展示了如何通过系统化、个性化的健康管理，帮助忙碌的职场人士循序渐进地改善健康状况。虽然 DeepSeek 可以作出个性化健康管理方案，但是如果真是健康方面的问题，也只能作为参考，要根据自身的状况进行合理使用。更专业的健康问题，还是要咨询专业的医师。

七、用 DeepSeek 制订个性化旅行方案

旅行是现代人放松身心、拓宽视野的重要方式，但策划一次完美的旅行往往需要投入大量时间和精力：搜集目的地信息、比较交通和住宿选择、设计行程安排、准备必要物品、应对语言和文化差异等。这些烦琐的准备工作可能让旅行前的期待变成了压力，甚至让一些人因为规划的复杂性而放弃旅行计划。

DeepSeek 可以成为我们的旅行规划助手，帮助我们根据个人喜好、预算和时间限制，规划出既满足个性需求又周全可行的旅行方案。它不仅能够提供全面的目的地信息和专业的旅行建议，还能根据实时情况进行调整，让旅行过程更加顺畅和愉快。

目的地选择与特色体验推荐

选择一个适合自己的旅行目的地是旅行规划的第一步，但面对全球无数的旅游胜地，我们往往难以决定。传统的旅游指南和网络信息虽然丰富，但往往缺乏针对性，难以匹配个人的具体需求和喜好。

DeepSeek 可以根据我们的旅行目的、兴趣爱好、预算限制和时间安排等因素，推荐最适合的目的地选择。无论是寻找自然风光、历史文化、美食体验、冒险活动还是放松度假，DeepSeek 都能提供符合个性化需求的目的地建议，并突出每个地点的独特魅力和最佳体验时机。

目的地选择提示：

请作为旅行顾问，根据我的需求和喜好，推荐适合的旅行目

的地和特色体验：

个人情况：

旅行目的：【度假放松／文化体验／冒险探索／美食之旅等】

旅行时间：【计划出行的月份和持续天数】

旅行人数与组成：【独自／情侣／家庭／朋友群体，成人和儿童数量】

预算范围：【总体预算或人均预算期望】

兴趣爱好：【自然景观／历史文化／美食／摄影／户外活动等】

旅行风格：【奢华／舒适／经济／深度体验／快节奏打卡等】

特殊需求：【无障碍需求／饮食限制／语言限制等】

请提供以下内容：

目的地推荐（3—5个最符合我需求的目的地，并说明推荐理由）

各目的地最佳旅游季节分析（气候、人流、特色活动等因素）

每个目的地的独特亮点和必体验活动

适合我的特色住宿推荐（符合我风格和预算的特色酒店或住宿）

由此你获得了真正符合个人需求的目的地推荐，而不是千篇一律的热门景点清单。DeepSeek这种个性化的旅行建议能够帮助你发现更加契合自己兴趣和风格的旅行体验，无论是传统的旅游热点还是鲜为人知的隐秘宝地。

详细行程规划与优化

选定目的地后，如何安排每天的行程是一个需要平衡多方因素的复杂任务：景点之间的距离和参观时间、交通选择和换乘安排、用餐时间和地点、休息与活动的节奏等。一个设计不当的行程可能导致旅途疲惫不堪，甚至错过真正值得体验的内容。

DeepSeek 可以根据目的地的特点、个人兴趣和旅行节奏偏好，设计出合理高效的详细行程。它不仅考虑景点的开放时间和游览价值，还会分析交通条件、餐饮选择，以及各个景点之间的最佳游览顺序，避免不必要的来回奔波和时间浪费。

行程规划提示：

请作为旅游规划师，为我设计一份前往【目的地】的详细旅行行程：

行程需求：

行程天数：【计划停留的总天数】

出行日期：【具体的出发和返回日期】

主要兴趣点：【特别想体验的景点/活动/美食等】

旅行节奏：【轻松慢节奏/中等节奏/紧凑快节奏】

特别需求：【是否有儿童/老人/行动不便者，或其他特殊要求】

交通方式：【是否自驾/公共交通/包车，有无特殊偏好】

住宿位置：【已确定的住宿地点或希望的区域】

请提供以下内容：

整体行程概览（每日行程简要安排和亮点）

详细日程安排（按天详列，包括时间、景点、交通、餐饮等）

交通安排建议（各景点间的最佳交通方式、时间和费用）

备选方案（考虑天气等不确定因素的替代行程）

DeepSeek 制定的既详细又灵活的旅行计划，既能让你充分体验目的地的精华，又不会因行程过度紧凑而身心疲惫。这种平衡各种因素的专业行程规划，能够大大提升旅行体验的品质，让每一天的安排都既高效又愉快。

预算控制与性价比优化

旅行预算是大多数人需要认真考虑的因素，如何在有限的预算内获得最佳的旅行体验，是旅行规划中的重要课题。从机票和住宿的比价，到景点门票的组合购买，再到当地交通和餐饮的成本控制，每个环节都可能影响整体预算。

DeepSeek 可以帮助我们进行全面的旅行预算规划和成本优化，根据个人偏好和优先级，在各项支出之间找到最佳平衡点。它不仅能提供准确的预算估算，还能给出具体的省钱技巧和高性价比选择，确保我们在关键体验上投入足够，同时避免浪费。

旅行预算规划提示：

请作为旅行预算专家，为我的【目的地】之行提供详细的预算规划和省钱建议：

预算情况：

总体预算：【可用于此次旅行的总预算】

行程概要：【旅行日期、天数和主要目的地】

旅行人数：【成人和儿童数量】

已确定支出：【已购买的机票或已预订的住宿等】

优先体验：【最不希望因预算而放弃的体验】

预算灵活项：【最愿意节省的方面】

请提供以下内容：

总体预算分配方案（交通、住宿、餐饮、门票、购物等各项占比）

各类费用详细估算（尽可能精确的费用预估和计算依据）

高性价比建议（每个类别中性价比最高的选择和预订时机）

省钱技巧与策略（针对目的地的具体省钱方法，如交通卡、博物馆通票等）

DeepSeek 会给你全面且实用的旅行预算规划，既能让你对旅行成本有清晰预期，又能通过各种优化技巧最大化每一元的旅行体验。这种精细的预算管理方式，能够让你在旅行中更加从容，将有限的资金投入到真正有价值的体验中，而不是浪费在不必要的项目上。

文化背景与旅行礼仪指南

了解目的地的文化背景、社会习俗和旅行礼仪，不仅能避免无意中的冒犯和尴尬，还能让旅行体验更加深入和丰富。然而，不同国家和地区的文化差异纷繁复杂，从日常打招呼到餐桌礼仪，从着装要求到交流禁忌，要全面掌握这些信息并非易事。

DeepSeek 可以为我们提供目的地的文化指南和旅行礼仪建议，帮助我们更好地理解和尊重当地文化，与当地人建立积极的互动。这不仅包括基本的礼仪规范和禁忌，还包括当地的文化背景、历史渊源、社会现状等更深层次的信息，让我们的旅行超越表面的观光，达到文化交流的层次。

特别是对于文化差异较大的国家和地区，DeepSeek 的文化指南可以帮助我们避免常见的误解和失误，使旅行更加顺利和愉快。同时，通过了解目的地的历史和文化脉络，我们能够更加深入地理解和欣赏当地的风景名胜、建筑艺术和生活方式。

文化礼仪指南提示：

请作为文化专家，为我提供前往【目的地】旅行的文化背景和礼仪指南：

旅行信息：

目的地国家 / 地区：【具体的国家或地区】

行程概要：【旅行时间、主要城市和景点】

交流需求：【是否需要与当地人深入交流】

特殊场合：【是否会参加特定活动，如宗教场所参观、商务会议等】

请提供以下内容：

文化概览（当地主要文化特征、价值观和社会结构）

基本礼仪规范（打招呼、称呼、肢体语言等日常交流礼仪）

重要禁忌与敏感话题（需要避免的行为和讨论主题）

饮食文化与餐桌礼仪（用餐规则、小费习惯、常见饮食礼节）

实用的文化指南，帮助你以尊重和开放的态度融入目的地文化。这种文化敏感性不仅能避免旅行中的尴尬和不愉快，还能创造与当地人真诚交流的机会，让旅行变成一次真正的文化体验和个人成长。

💡 应用案例：一家三口的日本自由行

比如，有一个三口之家（夫妻和 6 岁女儿）计划在春季前往日本进行为期 8 天的自由行。第一次带孩子出国旅行，这个家庭既期待又担忧：希望能让全家人都有愉快的体验，但面对陌生的国家和语言，以及带孩子旅行的诸多挑战，感到规划困难。他们预算中等，希望既能体验日本文化，又能照顾孩子的兴趣和需求。

用户输入：

请作为旅行规划师，为我们一家三口（两个成人和一个 6 岁女儿）设计一份 8 天的日本春季自由行计划：

旅行需求：

- 时间：3 月下旬，共 8 天 7 晚

- 预算：中等（不包括国际机票，住宿希望控制在每晚1000—1500元人民币）
- 目的地偏好：想体验日本文化、美食和亲子友好的景点
- 旅行节奏：适中，考虑到孩子，不希望太赶
- 特殊需求：孩子喜欢动漫和动物，妻子对传统文化和寺庙感兴趣
- 语言能力：仅有基础英语，无日语基础
- 交通方式：倾向于使用公共交通，无计划自驾

希望得到详细的行程安排，包括住宿建议、交通方案和亲子友好的景点推荐。

DeepSeek 回应：

日本春季亲子自由行 8 天 7 晚详细计划

行程概览

本行程平衡了文化体验、亲子活动和休闲时光，特别考虑了 6 岁孩子的兴趣和精力限制。行程涵盖东京（4 晚）、箱根（1 晚）和京都（2 晚），融合了动漫体验、温泉放松和传统文化探索。

行程亮点：

- 亲子互动：东京迪士尼、吉卜力美术馆、大阪环球影城
- 文化体验：浅草寺、明治神宫、京都寺庙群
- 自然景观：箱根温泉、富士山景观
- 特色美食：儿童友好型餐厅、主题咖啡厅

详细日程

第 1 天：抵达东京，轻松熟悉环境

★上午：抵达成田／羽田机场

★下午：

- 办理酒店入住（推荐：新宿地区家庭房或公寓型酒店）

……

第 2 天：东京迪士尼乐园（亲子欢乐日）

* 全天：东京迪士尼乐园

- 早上 8:00 抵达，避开入园高峰

……

通过参考 DeepSeek 提供的个性化旅行规划，这个家庭可以获得一份既照顾成人文化体验需求，又兼顾孩子兴趣和精力的完整行程。方案不仅包含详细的景点安排、交通指南和住宿建议，还特别提供了亲子友好的餐厅推荐、紧急情况处理和行程替代方案。

这里还是要重点说明一下，虽然 DeepSeek 提供的个性化旅行规划非常专业，但也只适合我们作为一个参考，如果真要出远门旅行，还是要细心查证，多结合实际情况进行合理安排，必要时，要咨询专业人员验证规划的合理性。

DeepSeek 作为全能助手，能够在知识学习、行业术语解读、能力培训、家庭教育、法律纠纷、健康管理和旅行规划等多个生活场景中提供专业、个性化的帮助。它不仅能够解决具体问题，还能提供系统化的解决方案，真正帮助我们提高效率、节省时间，让生活和工作变得更加轻松和高效。无论是面对工作中的专业挑战，还是日常生活中的各种需求，DeepSeek 都能成为我们得力的助手，让我们能够专注于真正重要的事情。

第六章　内容创作与变现
——AI 创作爆款文案指南

在前面，我们探讨了 DeepSeek 的基本能力、工作应用、提示词技巧、职场应用，以及作为全能助手解放时间的方式。本章将聚焦于如何运用 DeepSeek 进行内容创作与变现，帮助你掌握创作爆款文案的核心技巧，从标题构思到内容规划，从短视频脚本到产品推广，打造能够吸引目标受众并实现商业价值的优质内容。

一、吸引读者的标题与开头创作技巧

在信息爆炸的时代，一个吸引人的标题和开场白往往决定了内容能否获得关注。研究显示，读者平均只会在内容上停留 8 秒钟来决定是否继续阅读，而 80% 的人只看标题而不点击深入阅读。因此，掌握标题与开头的创作技巧，就成为内容创作者脱颖而出的关键能力。

传统的标题创作方法需要经验积累和灵感迸发，常常陷入"标题党"或过度平淡的两极困境。而借助 DeepSeek 的语言理解与生成能力，我们可以快速产出既吸引眼球又与内容相符的优质标题，同时创作能够留住读者的开场白，大幅提升内容的点击率和阅读完成率。

吸引力标题的核心要素与公式

优秀的标题不仅仅是对内容的简单概括，而是一种精心设计的"诱饵"，需要在有限的文字中触发读者的好奇心、解决需求的渴望或引发情感共鸣。一个成功的标题通常包含多种吸引力要素，如稀缺性、实用性、具体数字、强烈情感或悬念设置等。

通过分析大量爆款内容的标题模式，我们可以发现某些特定结构的标题往往更容易获得高点击率。DeepSeek 可以帮助我们运用这些经典公式，针对特定内容和目标受众，生成多个备选标题方案，并根据不同平台的特性进行优化调整。

标题创作提示：

请作为内容创作专家，为我的以下内容创作 10 个吸引人的标题：

    内容主题：【填写您的主题或核心内容】

    目标受众：【描述您的目标读者群体特征】

    发布平台：【指定内容将发布的平台，如微信公众号/知乎/小红书等】

    内容要点：【列出3—5个内容中的关键点或亮点】

    情感基调：【希望标题传达的情感色彩，如震撼/温馨/紧迫/好奇等】

    标题风格倾向：【如干货实用型/问题引导型/故事叙述型/数字列表型等】

    请提供以下类型的标题：

    数字+价值型（如"7个方法让你迅速……"）

    问题挑战型（如"你真的了解……"）

    对比反差型（如"看似……实则……"）

    故事暗示型（如"我用……方法后，竟然……"）

    稀缺独家型（如"鲜为人知的……"）

使用这种提示语，你可以根据具体内容和目标读者，快速生成多种风格的具有吸引力的标题。与传统的头脑风暴相比，DeepSeek不仅能提供更多元的创意方向，还能确保标题与内容的匹配度，避免过度营销导致读者失望。

留住读者的开场白技巧

一个好的标题能够吸引读者点击，而强有力的开场白则能决定读者是否会继续阅读下去。根据研究，超过60%的读者在阅读前几段后就会决定是否退出。因此，开场白不仅需要延续标题的吸引力，还要建立内容的基调和框架，引导读者进入正文内容。

有效的开场白通常采用几种经典策略：提出一个引人深思的问题、分享一个引人入胜的故事、揭示一个惊人的数据或事实、描绘一个生动的场景，或直接指出读者面临的痛点。不同类型的内容适合不同的开场方式，而 DeepSeek 可以根据内容主题和目标读者，帮助我们选择最合适的开场策略并进行创作。

开场白创作提示：

请作为内容开场专家，为我的以下内容创作 3 种不同风格的开场白：

内容标题：【您已确定的内容标题】

内容主旨：【简述文章核心观点或要传达的主要信息】

目标读者：【描述目标受众特征和需求】

文章类型：【如教程/观点/故事/报告等】

期望阅读时长：【读者预计花在文章上的时间】

请分别提供以下风格的开场白（每种200字以内）：

1. 故事情境型：以引人入胜的小故事或场景开始

2. 问题思考型：以发人深省的问题或思考引导读者

3. 数据震撼型：以惊人的数据或事实吸引注意力

并简要分析每种开场白的适用场景和预期效果。

通过这种模板，你可以获得多种风格的开场白选择，针对不同平台和读者群体进行测试和优化。一个精心设计的开场白能够大幅提升内容的阅读完成率，增强信息传递的效果，为后续的内容铺设良好的基础。

针对不同平台的标题与开头优化

不同的内容平台有着各自独特的用户群体、阅读习惯和算法偏好。例如，微信公众号的标题往往更注重专业性和价值感，知乎则倾向于问题式和思辨性内容，而小红书则更偏好个人体验和直观感受。这些平台差异要求我们在创作标题和开头时进行针对性的优化调整。

DeepSeek 可以根据不同平台的特性，帮助我们优化标题长度、关键词选择、情感基调和表达方式，确保内容在特定平台获得最大的曝光和互动。同时，它还能根据平台的最新趋势和热点，提供时效性的优化建议，提升内容的即时相关性。

平台优化提示：

请作为多平台内容优化专家，帮我将以下标题和开头针对指定平台进行优化：

原始标题：【初始标题】

原始开头段落：【已创作的开场白】

目标平台：【如微信/知乎/小红书/今日头条等】

目标效果：【提升点击率/增加完读率/促进互动/提高转发等】

内容核心价值：【内容提供的主要价值或解决的问题】

请提供以下优化：

1. 平台针对性标题（3个备选方案，并解释优化理由）
2. 优化后的开场段落（考虑平台用户习惯和算法偏好）
3. 关键词建议（适合该平台的搜索关键词或标签）
4. 展示形式建议（如分段/引用/强调等排版建议）

由此，你可以针对不同平台定制内容的入口部分，提高在各平台的传播效果。这种有的放矢的优化策略，比起通用的"一稿多发"，能够获得更好的平台算法推荐和用户互动，最终实现更大的内容影响力。

应用案例：知识付费课程标题优化

比如，一位职场培训师开发了一套关于职场沟通的在线课程，内容涵盖与上司沟通、团队协作、冲突处理等方面。尽管课程内容丰富实用，但在投放市场后点击率和转化率都不理想。初步分析发现，课程标题"职场沟通技巧提升"过于平淡，无法吸引目标用户点击了解。

请作为内容创作专家，为我的职场沟通课程创作10个吸引人的标题：

内容主题：职场沟通技巧提升课程

目标受众：25—40岁职场中层，希望提升沟通能力以促进职业发展

发布平台：知识付费平台（如得到、樊登、知乎付费专栏）

内容要点：

· 与领导高效沟通的框架与话术

· 跨部门协作的冲突解决方法

· 提升个人影响力的沟通策略

· 艰难对话中的情绪管理技巧

· 远程团队的沟通效率提升

情感基调：专业、实用，带有一定紧迫感

标题风格倾向：干货实用型、问题解决型

DeepSeek 回应：

职场沟通课程标题方案

根据您提供的课程内容和目标受众信息，以下是10个针对知识付费平台优化的标题方案：

数字+价值型：

1.《7天重塑职场沟通力：让80%的职场困境迎刃而解》

2.《掌握5大沟通框架，解锁中层管理者的晋升密码》

问题挑战型：

1.《你的沟通正在毁掉你的职业生涯？中层管理者必修的沟通课》

2.《为什么你说的话领导不听？解码上下级沟通的潜规则》

对比反差型：

1.《看似日常对话，实则职场较量：中层管理者的沟通兵法》

2.《表达不变，结果却天差地别：掌握情境式沟通的升职捷径》

……

平台针对性分析：

·知识付费平台用户更看重实用性和系统性，标题6和8特别强调了课程的系统框架

……

通过上面的案例，我们可以轻松获得 DeepSeek 提供的多元化标题方案，能够精准传达内容价值，触发目标用户的学习动机，可以提升内容的商业转化效果。当然，这只是初始的方案，如果不能马上满足需求，可以多方位与 DeepSeek 进行沟通以获取更加适合自己的方案。

二、抖音、快手爆款文案快速生成

短视频平台已成为当代最具影响力的内容传播渠道，抖音和快手上每天产生的内容数以百万计，但真正能够获得高播放量和互动的"爆款"内容却屈指可数。抖音和快手等平台的用户有着极其短暂的注意力窗口，通常只有前 3 秒决定是否继续观看，因此掌握爆款文案的结构特点，成为内容创作者的必备技能。

传统的短视频创作往往依赖于经验积累和反复尝试，耗费大量时间和精力。借助 DeepSeek 对海量爆款内容模式的理解与分析能力，我们可以快速掌握平台算法偏好和用户心理，设计出更容易获得高播放量和互动率的内容结构，从而在激烈的平台竞争中脱颖而出。当然，尽管 DeepSeek 的理解与分析能力很出色，但是实际效果还是因内容质量与平台算法而异，本节的案例只能供读者进行参考，可以作为指导来结合实际进行应用。

抖音爆款文案的钩子开头设计

在抖音平台上，优质内容的首要特征是能够在极短时间内吸引用户注意。所谓的"钩子"（Hook），就是视频开头几秒内能够立刻抓住用户眼球、触发停留意愿的元素。一个成功的钩子通常包含悬念设置、反常识表述、强烈情绪刺激或直接命中用户痛点等特征。

根据抖音算法的特性，用户在内容上的停留时长和互动行为（点赞、评论、分享）会直接影响内容的推荐权重。因此，一个精心设计的开头能够大幅提升内容的整体表现。DeepSeek 可以根据不同内容类型和目标受众，帮助我们设计多种风格的钩子开头，并预测其可能的效果。

抖音开头设计提示：

请作为短视频脚本专家，为我的抖音内容设计5种不同风格的开场钩子：

内容主题：【填写视频主题】

内容类型：【如知识分享/产品展示/生活记录/情感共鸣等】

目标受众：【描述目标用户群体特征】

核心信息：【视频想要传达的最重要信息】

视频长度：【计划的视频时长，如15秒/30秒/1分钟等】

请分别提供以下风格的开头（每种15—20字）：

1. 悬念疑问型：设置悬念或提出问题引发好奇
2. 反常识冲击型：提出与常识相反的观点引发震惊
3. 数据震撼型：用惊人数据或事实吸引注意
4. 情绪共鸣型：直击目标用户的情感或痛点
5. 直接利益型：明确指出用户能获得的好处

并简要分析每种开头可能的用户反应和适用场景。

通过与 DeepSeek 交流，你可以获得多种风格的抖音开场设计，为不同内容主题和用户群体进行测试。一个成功的开场钩子能够显著提升视频的完播率和互动率，从而获得算法的青睐和更大范围的推荐。

快手平台的情感共鸣与故事结构

相比抖音用户群体的广泛性，快手平台的用户更加注重真实性、情感连接和生活共鸣。在快手平台获得高互动的内容，通常具有明确的情感基调和故事性结构，能够引发用户的情感共鸣和价值认同。

快手平台的算法更加注重用户的深度互动，包括评论质量、分享行为和关注转化等指标。因此，构建一个能够触发情感共鸣，并引导用户参与讨论的内容结构，是在快手平台脱颖而出的关键。DeepSeek 可以帮助我们分析目标用户的情感需求和价值观特征，设计出更容易引发共鸣的故事框架和表达方式。

快手情感共鸣提示：

请作为情感叙事专家，为我的快手内容设计一个具有强烈共鸣感的故事结构：

内容主题：【填写视频主题】

核心价值观：【希望传达的价值观或生活态度】

目标受众：【描述目标用户的生活状态和价值取向】

情感基调：【如温暖/励志/感动/治愈等】

视频时长：【计划的视频长度】

请提供以下内容：

1. 故事框架设计（3—5个关键情节点的安排）

2. 开场白设计（直接击中受众情感的开场白，30字以内）

3. 情感高潮设计（故事中最能引发共鸣的转折或高潮点）

4. 互动引导设计（如何自然引导用户评论和分享）

5. 结尾设计（留下余味和思考的结束语）

由此，你可以获得一个结构完整、情感丰富的内容框架，特别适合在快手平台获得深度用户互动。这种注重情感连接和价值共鸣的内容策略，比起纯粹追求视觉冲击或表面有趣的内容，能够建立更持久的用户关系和更稳定的账号成长。

短视频平台的互动引导与变现策略

在短视频内容创作中，除了吸引用户观看外，引导用户进行互动（评论、点赞、分享）以及实现内容变现（导流、转化、直接销售）也是关键目标。优质的互动引导不是简单的"点赞关注"呼吁，而是能够自然融入内容，激发用户主动参与的巧妙设计。

DeepSeek 可以帮助我们根据内容类型和用户心理，设计出既不显得生硬，又能有效促进互动的话术和情境。同时，它还能根据不同的变现模式（如电商带货、付费咨询、广告合作等），提供相应的内容结构优化，实现商业价值最大化。

互动与变现策略提示：

> 请作为短视频运营专家，为我的内容设计互动引导和变现策略：
> 内容主题：【填写视频主题】
> 账号定位：【账号的专业领域或人设特点】
> 目标受众：【目标用户的特征和需求】
> 当前粉丝数：【账号现有粉丝规模】
> 变现方向：【如电商带货/知识付费/接广告/引流私域等】
> 请提供以下内容：
> 1. 自然互动引导（3种融入内容的互动话术，不显刻意）
> 2. 评论区预设（3个能引发用户讨论的预设评论）
> 3. 变现内容植入（如何自然地将产品或服务融入内容）
> 4. 行动指引设计（引导用户进行下一步行动的话术）
> 5. 数据指标建议（应关注哪些数据来评估内容效果）

通过这种明了的对话，DeepSeek 会为你生成一套能提升内容互动性，又能实现商业转化的策略方案。与生硬的营销方式相比，这种融入内容的自然引导更容易被用户接受，也更符合平台算法的偏好，能够在提升内容传播效果的同时，实现商业目标的达成。

💡 应用案例：美食类短视频爆款文案

我的一位美食博主朋友经营抖音账号半年，已积累2万粉丝，但视频播放量普遍不高，在1000—5000之间，远未达到爆款水平。分析发现主要问题是内容开头吸引力不足，用户停留率低，且缺乏有效的互动设计。博主希望针对一道家常菜"茄子煲"的制作视频，设计能够提升播放量和互动的文案结构。我根据他的情况向DeepSeek输入了下列内容：

> 请作为短视频脚本专家，为我的抖音美食视频"茄子煲"设计一个爆款文案结构：
>
> 内容主题：家常菜茄子煲的制作方法
>
> 内容类型：美食教程
>
> 目标受众：25—40岁的家庭主妇/主夫，喜欢简单易做又美味的家常菜
>
> 核心信息：普通茄子也能做出饭店级美味，关键在于焯水和调料比例
>
> 视频长度：60秒
>
> 希望解决的问题：
>
> ・提高视频前5秒的吸引力
>
> ・增加用户互动（评论和点赞）
>
> ・引导用户关注账号

DeepSeek 回应：

抖音爆款美食视频文案结构：茄子煲

开场钩子设计（前5秒）

方案1 反差型："吃了20年茄子，才知道我家做法全错了！这才是茄子最好吃的状态……" 适合制作画面展示成品与普通茄子的鲜明对比

方案2 疑问型："为什么饭店的茄子香软入味，而家里做的总是发苦出水？只因少了这一步……" 适合配合手法特写，制造悬念

方案3 情感共鸣型："又被家人嫌弃做的茄子没味道？学会这招，连挑食的孩子都能吃三碗饭！"适合展示家庭用餐场景，引发主妇/主夫共鸣

……

视频主体结构（45秒）

问题点明（5秒）："茄子最大的问题是吸油、发苦，关键在于这两步……"

核心技巧（15秒）：……

互动引导设计

自然互动话术：……

这一案例中，DeepSeek 提供的反差型开场和三段式视频结构，使用了特定的互动引导设计。可以看出 DeepSee 精心设计的内容结构，是针对平台算法和用户行为特点的优化策略。

三、提高转化率的产品描述与推广文案

在电商和营销领域，产品描述和推广文案的质量直接影响着转化率和销售效果。无论是电商平台的商品介绍、营销邮件的推广内容，还是落地页的转化文案，都需要在有限的篇幅内最大化地展示产品价值，触发用户的购买欲望。

传统的产品文案创作往往依赖于文案专业知识和行业经验，需要反复测试和优化才能找到最佳表达。而借助 DeepSeek 的语言分析和用户心理洞察能力，我们可以快速生成针对特定产品和目标用户群体优化的高转化率文案，大幅提升营销效果和投资回报率。

❄ 电商平台的产品描述优化

在电商平台上，产品描述是影响用户购买决策的关键因素之一。优质的产品描述不仅要全面介绍产品特性和使用场景，还需要解答用户潜在疑虑，突出与竞品的差异化优势，并通过情感化和场景化的表达激发用户的购买欲望。

不同类型的产品需要不同的描述策略：功能性产品需要突出实用价值和问题解决能力；体验型产品则需要强调感官体验和情感满足；而高端品牌产品则需要传递品牌文化和身份认同。DeepSeek 可以根据产品特性和目标用户，生成合适的产品描述框架和具体文案。

电商产品描述提示：

请作为电商文案专家，为我的产品创作一份高转化率的详细描述：

产品信息：

产品名称：【填写产品名称】

产品类别：【如电子产品/家居用品/服饰/美妆等】

核心功能/特点：【列出3—5个产品的主要特点或功能】

目标用户：【描述目标购买群体的特征和需求】

价格定位：【产品的价格区间和定位】

与竞品区别：【产品相比竞争对手的优势或独特之处】

常见疑虑：【潜在客户可能有的疑问或顾虑】

请提供以下内容：

1. 产品标题（吸引眼球且包含关键词的标题，50字以内）

2. 产品亮点（5—8个简短的亮点描述，突出卖点和差异化优势）

3. 详细描述（分段详细介绍产品特性、使用场景和价值）

4. 常见问题解答（针对用户可能的疑虑进行预先解答）

5. 购买呼吁与保障（促使用户行动的理由和提供的保障）

通过这种类型的对话，你可以获得一份系统、专业的产品描述文案，既符合电商平台的内容规范，又具有较高的转化潜力。相比于泛泛而谈的通用描述，这种有针对性的产品文案能够更准确地传递产品价值，解决用户疑虑，从而提高购买转化率。

营销邮件与推广信息的结构设计

营销邮件和推广信息是直接触达目标用户的重要渠道，但面对每天收到大量信息的用户，如何避免被直接忽略或删除，成为营销人员面临的主要挑战。一封成功的营销邮件通常需要引人注目的主题行、个性化的开场白、清晰的价值陈述、有说服力的内容组织及明确的行动指引。

DeepSeek 可以帮助我们根据不同的营销目标（如新品推广、折扣促销、会员维护等）和用户关系阶段（如新客户、潜在客户、老客户），设计出合适的邮件结构和表达方式，提高邮件的打开率、点击率和最终转化率。

营销邮件提示：

请作为营销邮件专家，为以下推广活动设计一封高转化率的营销邮件：

营销目标：【如新品推广/促销活动/会员活动/服务升级等】

产品/服务：【简述推广的产品或服务】

目标受众：【描述邮件接收者的特征和与品牌的关系】

核心卖点：【活动或产品的主要吸引力和价值】

行动号召：【希望收件人采取的具体行动】

时效性：【活动的时间限制，如有】

请提供以下内容：

1. 邮件主题行（3个备选，引人打开的主题）
2. 个性化开场白（建立关联和信任感的开场）
3. 价值陈述（清晰传达用户能获得的核心利益）
4. 内容主体（详细介绍活动或产品的内容，包括必要的佐证）
5. 紧迫感设计（创造行动紧迫感的表达）
6. 行动按钮（明确、吸引人的行动号召按钮文案）
7. 邮件签名（增强可信度和专业性的签名区设计）

由此你可以获得一封结构完整、转化率高的营销邮件。相比于缺乏规划的随意文案，这种系统设计的营销邮件能够在每个环节都最大化地促进用户行动，提高最终的营销转化效果。

落地页与销售页的转化文案架构

落地页和销售页是营销漏斗中的关键转化环节，其文案质量直接影响最终的成交率。一个高转化率的销售页面需要清晰的价值主张、有说服力的问题解决方案框架、可信的社会证明、风险消除设计以及强有力的行动号召。

不同的产品类型、价格区间和目标用户群体，需要不同的销售文案策略和心理触发点。DeepSeek可以帮助我们分析产品的核心价值和目标用户的决策因素，构建合适的销售文案架构，并针对转化漏斗的各个环节进行优化。

销售页文案提示：

请作为销售页文案专家，为我的产品/服务设计一个高转化率的销售页文案结构：

产品信息：

产品/服务名称：【填写名称】

产品类型：【如数字产品/实体产品/订阅服务/咨询服务等】

核心价值主张：【产品能为用户解决的最核心问题或带来的主要价值】

价格区间：【产品的价格定位】

目标用户：【详细描述理想客户的特征、痛点和需求】

竞争优势：【相比竞品的独特优势】

可提供的证明：【如用户评价/数据结果/专家背书等】

请提供以下内容：

1. 标题与副标题（吸引目标用户的主标题和支持副标题）

2. 开场问题设置（引发共鸣的问题或场景描述）

3. 痛点放大部分（详细描述目标用户面临的问题和后果）

4. 解决方案呈现（产品如何解决这些问题的详细说明）
5. 社会证明安排（如何组织和呈现各类证明材料）
6. 常见疑虑消除（预先解答可能的顾虑和反对意见）
7. 价格呈现框架（如何呈现价格使其显得更有价值）
8. 行动号召设计（促使立即行动的表达和按钮文案）

这样，你可以获得一个系统化的销售页文案架构，覆盖从吸引注意到促成转化的完整销售流程。这种基于用户心理和决策历程设计的文案结构，能够有效提升访客的转化率，降低营销成本，提高投资回报率。

💡 应用案例：瑜伽课程线上销售页转化率提升

一位瑜伽教练开发了一套线上瑜伽课程，针对办公室白领的颈肩腰痛问题。课程质量很高，但销售页面的转化率只有1.2%，远低于行业平均水平。初步分析发现，现有销售页过于强调课程内容和教练资质，而没有充分挖掘目标用户的痛点和情感需求，也缺乏有效的社会证明和行动催化设计。

用户输入：

请作为销售页文案专家，为我的线上瑜伽课程设计一个高转化率的销售页文案结构：

产品信息：

- 产品名称："舒活密码"办公室瑜伽课程
- 产品类型：线上视频课程（12节课+1对1指导）
- 核心价值主张：帮助久坐办公室人群缓解颈肩腰痛，恢复身体活力
- 价格区间：298元
- 目标用户：25—45岁办公室白领，每天久坐6小时以上，

已经出现或担心出现颈肩腰疼痛问题

·竞争优势：所有动作专为办公环境设计，无需特殊场地和装备，每节课仅需 15 分钟

·可提供的证明：已有学员的前后对比照片、真实评价，以及专业理疗师的背书

目前销售页面存在的问题：

·转化率低（1.2%）

·页面停留时间短

·访客很少点击了解更多内容

·缺乏情感共鸣和紧迫感

DeepSeek 回应：

"舒活密码"瑜伽课程销售页文案优化方案

核心转化架构

Ⅰ. 标题与副标题设计

主标题（情感痛点型）："颈椎疼痛、腰背僵硬是职场人的隐形职业病，每天 15 分钟，让你告别'办公室综合征'"

副标题（具体结果型）："6000+ 办公室人士见证：无需特殊装备，在办公椅上就能练习的专业瑜伽课程，14 天显著缓解疼痛，重获身体自由"

Ⅱ. 开场痛点共鸣（停留率关键）

场景描述："又是一天工作结束，你揉着酸痛的脖子，感觉肩膀像扛了千斤重担……起身时腰部传来的刺痛让你不禁皱眉……这样的场景是否每天都在上演？"

数据强化："调查显示：76% 的办公室职工在 35 岁前就已出现颈椎问题，62% 的人因久坐导致的腰背疼痛影响工作和生活

质量。更可怕的是，这些问题正在悄悄年轻化……"

Ⅲ. 问题后果放大

【此处详细内容展开痛点的严重后果，包括健康隐患、情绪影响、工作表现和未来风险】

……

DeepSeek 设计的这一销售页文案结构，重点加强了痛点共鸣、社会证明和行动催化设计。DeepSeek 针对目标用户心理需求和决策过程设计的系统性文案架构，能够显著提升销售页的转化效果，而不仅仅是产品功能的简单罗列。

第六章 内容创作与变现——AI 创作爆款文案指南

四、朋友圈、小红书笔记吸睛文案公式

社交媒体平台如微信朋友圈和小红书已成为个人品牌打造和产品推广的重要渠道。与传统广告不同，这些平台的内容需要在私密社交或垂直兴趣社区环境中自然融入，既要吸引用户注意，又不能显得过于营销化。如何在这些平台创作既能获得高互动，又能达成转化目的的内容，成为创作者和品牌主面临的重要课题。

朋友圈和小红书平台各有其特殊的内容生态和用户心理特点。朋友圈内容面向熟人社交圈，需要注重真实性和情感连接；而小红书则是基于兴趣的内容社区，用户更看重专业价值和视觉体验。DeepSeek 可以帮助我们根据平台特性和目标定位，创作出更符合平台调性，更容易获得用户共鸣的内容。

微信朋友圈的情感共鸣与软性转化

朋友圈作为熟人社交平台，用户对明显的广告和营销内容通常持排斥态度。在朋友圈获得高互动和转化的内容，往往采用情感共鸣、价值分享或生活记录的形式，将产品或服务自然融入其中，实现"润物细无声"的软性营销效果。

成功的朋友圈内容通常遵循特定的结构模式：以真实情感或有价值的分享开场，通过生动的场景描述或个人故事建立共鸣，然后自然引入产品或服务，最后以开放式问题或思考点收尾，鼓励互动参与。DeepSeek 可以帮助我们根据不同的营销目标和产品特性，设计更适合朋友圈的内容框架。

·179·

朋友圈文案提示：

请作为社交媒体文案专家，为我的微信朋友圈创作一篇自然且高互动的软性营销内容：

内容目标：

产品/服务/观点：【需要在朋友圈中自然植入的产品、服务或观点】

期望效果：【如品牌认知/引流咨询/直接转化/建立专业形象等】

个人定位：【个人在朋友圈中的形象定位或专业领域】

朋友圈好友特征：【主要好友的职业、年龄、关系类型等】

内容风格偏好：【如真实分享型/专业干货型/生活记录型/情感共鸣型等】

请提供以下内容：

1. 开场句设计（抓住注意力且自然的开场，50字以内）

2. 主体内容（包含个人经历/观点/故事，自然引入产品或服务）

3. 情感共鸣点（能引发读者情感共鸣或价值认同的关键表达）

4. 互动引导（自然引导评论或私信的表达）

5. 配图建议（适合内容的配图风格和要点）

通过这样的提示语，可以获得一篇既符合朋友圈社交氛围，又能实现营销目标的优质内容。与明显的广告推广相比，这种基于情感共鸣和价值分享的软性内容更容易获得好友的正面回应和互动，建立更真实的连接和信任，最终达成转化目标。

小红书爆款笔记的结构与视觉设计

小红书作为生活方式分享平台，用户主要通过笔记卡片的首图和标题决定是否点击查看内容。一个成功的小红书笔记通常具有吸引眼球的首图、引发好奇的标题、结构清晰的内容及自然的互动引导和种草元素。

小红书平台的算法特别注重内容的完整度、互动率和停留时间，因此创作高质量的笔记不仅需要关注表面的吸引力，还需要提供真正有价值的内容和良好的阅读体验。DeepSeek 可以帮助我们根据小红书的内容生态和用户偏好，设计出既符合平台特性，又能实现个人目标的笔记结构。

小红书笔记提示：

请作为小红书内容创作专家，为我设计一篇有爆款潜力的小红书笔记：

内容主题：【填写笔记的主要主题】

内容类型：【如种草测评/经验分享/攻略指南/情感故事等】

目标受众：【目标读者的年龄、性别、兴趣特征】

核心价值点：【笔记提供的主要价值或解决的问题】

植入产品/服务：【需要自然植入的产品或服务】

个人定位：【创作者在小红书的人设或专业领域】

请提供以下内容：

1. 标题设计（3个备选吸引眼球且符合小红书调性的标题）

2. 首图文案建议（首图应包含的关键元素和文字）

3. 开场白设计（能够留住读者的前3行内容）

4. 内容结构（清晰的内容框架，包括小标题和段落安排）

5. 互动引导（自然引导评论和收藏的表达）

6. 图片安排（建议的图片数量和每张图的内容重点）

通过这种与 DeepSeek 的对话，可以获得一个系统规划的小红书笔记框架，从视觉吸引到内容价值再到互动转化，全面覆盖爆款笔记的核心要素。这种结构化的笔记设计，比起随意拼凑的内容，更容易获得平台算法的青睐和用户的正面反馈，实现更大的影响力和转化效果。

私域流量池的维护与转化内容策略

随着获客成本的不断上升，建立和维护自己的私域流量池（如微信群、朋友圈、公众号等）变得越来越重要。私域流量的核心价值在于更低的触达成本和更高的信任度，但也需要持续提供有价值的内容来维持活跃度和增强黏性。

有效的私域内容策略需要平衡价值提供和转化引导，过于频繁的直接销售会导致用户流失，而缺乏转化设计的纯干货分享则无法实现商业价值。DeepSeek 可以帮助我们设计出既能维持用户黏性，又能自然引导转化的私域内容计划，实现长期稳定的私域价值。

私域内容策略提示：

请作为私域运营专家，为我设计一套私域流量池的内容维护与转化策略：

私域渠道：【如微信群/朋友圈/公众号/知识星球等】

用户特征：【私域用户的主要特点、需求和痛点】

产品/服务：【需要在私域中推广的产品或服务】

私域规模：【目前私域用户的大致数量】

互动现状：【当前私域的活跃度和互动情况】

请提供以下内容：

1. 内容矩阵设计（不同类型内容的比例和发布频率）

2. 价值内容示例（能提供真实价值并维持活跃度的内容框架）

3. 引导转化内容示例（自然引导产品或服务转化的内容框架）

4. 互动策略设计（如何提高私域用户的参与度和回复率）

5. 裂变增长方案（如何通过现有用户带来新用户的策略）

6. 效果评估指标（如何衡量私域运营的效果和价值）

通过这样的提示语，你可以获得一套系统、实用的私域运营内容策略，既能保持用户黏性，又能实现商业转化目标。与单纯的产品推广或毫无转化意识的内容分享相比，这种战略性的私域内容规划能够在建立长期信任关系的同时，实现更高效、更可持续的商业价值。

应用案例：美妆顾问小红书种草笔记

前几天，我的一位独立美妆顾问朋友，希望通过小红书平台增加个人影响力并获取潜在客户。她之前发布的笔记互动率较低，主要问题是内容过于直接推销个人服务，缺乏真实价值和平台调性。她希望围绕"油皮夏季底妆不脱妆"这一话题创作一篇既能展示专业性，又能自然引流的内容。我与DeepSeek进行了下列对话：

> 请作为小红书内容创作专家，为我设计一篇有爆款潜力的美妆类小红书笔记：
> 内容主题：油皮夏季底妆不脱妆技巧
> 内容类型：专业干货分享＋产品推荐
> 目标受众：18—35岁女性，油性或混合性肤质，对妆容持久度有需求
> 核心价值点：解决夏季出油导致底妆脱妆的问题，提供实用的底妆技巧
> 植入服务：我的线上美妆咨询服务（XXX元/次）

个人定位：专业美妆顾问，擅长解决底妆难题

当前问题：之前的笔记互动少，评论少，转化率低

DeepSeek 回应：

小红书爆款美妆笔记设计：油皮夏季底妆方案

标题设计（备选方案）

"油皮党千万不要错过××夏日底妆不脱妆的5个秘密步骤，第3步太关键了" 解析：数字+惊叹号+神秘感，暗示独家干货

"从脱妆3小时到持妆12小时，我只改变了这些步骤｜油皮底妆全解析" 解析：对比效果+过程暗示，引发好奇心

"平价也能拯救油皮！分享一套不到400元的夏日不脱妆神器+手法｜一整天妆面零崩溃" 解析：价格吸引+效果承诺，解决痛点

首图文案建议

图片元素：

· 左右或上下对比照片：左/上方为脱妆状态，右/下方为使用技巧后的持妆效果

· 时间标注："+8小时"醒目文字

· 关键词标注：在图片上方或顶部加入"油皮救星""夏日底妆不脱妆"等醒目文字

......

内容细节规划

开场段落："测试了3个月，终于找到油皮夏季底妆不脱妆的万能公式！之前我的底妆最多撑2小时就开始泛油、搓泥，现在即使35℃高温+急走1小时，妆面依然服帖细腻。今天把

我的所有秘密都分享给同样被脱妆困扰的姐妹们!"

……

互动引导:"你们有什么特别难解决的底妆问题吗?评论区告诉我,我会一一解答如果想了解更适合自己的定制底妆方案,可以点击主页了解我的一对一底妆咨询服务,帮你彻底摆脱脱妆困扰!"

……

我们可以看出 DeepSeek 设计的这条小红书笔记架构,改变了过去直接推销的方式,转而提供实质性的专业价值,并将服务介绍自然融入内容。在内容社区平台,提供真实价值的"种草"方式比直接推销更能建立专业信任和实现商业转化。

五、借势热点创作与流量获取方法

在当今信息爆炸的时代，抓住热点话题进行创作是获取大量流量和曝光的高效途径。无论是突发新闻事件、季节性话题、社会现象还是网络热梗，热点都能短时间内聚集大量用户注意力。然而，简单地跟风热点往往效果有限，甚至可能因为同质化严重而被用户忽略。

真正有效的借势热点需要在及时性、相关性和创新性之间找到平衡点：既要快速响应热点，又要与自身品牌或内容定位建立合理连接，同时还要有创新角度和表达方式，让内容在大量同类借势中脱颖而出。DeepSeek 可以帮助我们快速分析热点潜力，设计最佳借势角度，创作既紧跟热点又具个性的内容，实现流量价值的最大化。

热点识别与价值评估

并非所有热点都值得借势，不同的热点具有不同的流量潜力、持续周期和用户情绪特点。选择适合自身的热点进行借势，是成功的第一步。热点评估需要考虑多种因素：热点的传播广度和速度、用户参与度、情感倾向、持续潜力及与自身定位的契合度等。

借助 DeepSeek 的分析能力，我们可以快速评估热点的各项指标，识别最具价值的借势机会，避免无效投入或不当借势带来的负面影响。同时，DeepSeek 还能帮助我们预测热点的发展趋势和变化方向，抢占先机，获取更高的流量回报。

热点评估提示：

请作为内容策划专家，帮我评估以下热点话题的借势价值：

热点信息：

热点话题：【描述当前热点事件／话题】

热点来源：【如社交媒体／新闻／娱乐事件／季节性话题等】

当前热度：【如讨论量／相关搜索指数／话题阅读量等】

用户情绪：【围绕该热点的主要情绪倾向】

我的情况：

内容领域：【内容方向或品牌领域】

目标受众：【主要受众群体】

平台渠道：【计划发布借势内容的平台】

借势目标：【如提升曝光／增加互动／引流转化等】

请提供以下分析：

1. 热点价值评分（从1—10评估该热点对您的价值）

2. 热点周期判断（预估该热点的持续时间和发展趋势）

3. 最佳借势时机（建议的借势时间窗口）

4. 潜在风险分析（可能存在的争议点或负面影响）

5. 借势角度建议（3—5个与您领域相关的独特借势角度）

由此，你可以快速获得一份专业的热点评估报告，帮助你做出是否借势及如何借势的明智决策。与盲目跟风或错过机会相比，这种基于多维度分析的策略选择能够大大提高借势的成功率和投资回报率。

❄ 热点借势的创意角度与表达方式

确定要借势的热点后，如何找到独特的创意角度和表达方式，成为借势成功的关键。同质化的借势内容很难在众多相似内容中获得用户注意，而有创意的角度和表达则能让内容更具辨识度和传播力。

创意角度可以从多个维度展开：反向思考（与主流观点不同的视角）、跨界联想（将热点与看似无关的领域建立联系）、专业解析（用专业知识深度剖析热点）、情感共鸣（挖掘热点背后的情感需求）等。DeepSeek 可以帮助我们根据不同热点的特性和自身定位，生成多种创意借势方案，并预测各方案的可能效果。

热点创意提示：

请作为创意策划师，为我提供独特的热点借势创意方案：

热点信息：

热点话题：【热点话题名称和简要描述】

热点现状：【当前热点的讨论焦点和主流表达】

借势目标：

品牌/个人定位：【品牌或个人的核心定位】

目标受众：【希望触达的核心人群】

传播平台：【计划发布的主要平台】

期望效果：【如知名度提升/正面形象塑造/产品关联等】

请提供以下创意方案：

1. 独特借势角度（3—5 个差异化的切入视角）

2. 创意表达形式（适合每个角度的内容形式，如文章/视频/海报等）

3. 话题标签设计（能引发传播的标签或口号）

4. 用户参与设计（如何引导用户互动和二次传播）

5. 预期效果分析（各方案可能产生的传播效果和风险）

通过这种对话，你可以获得多种创新的热点借势方案，避免落入"跟风借势"的同质化陷阱。这种基于创意差异化的借势策略，能够让你的内容在众多跟风者中脱颖而出，获得更高的关注度和传播价值。

热点借势的时效性与传播策略

热点借势的成功很大程度上取决于时机把握和传播策略。热点往往有其生命周期，从兴起、爆发到降温直至消失，不同阶段的用户关注点和情绪状态有所不同，借势策略也需要随之调整。

除了创作优质内容外，设计有效的传播路径也是借势成功的重要因素。这包括选择最佳发布时间、利用多平台协同传播、设计话题标签、引导用户参与互动等综合策略。DeepSeek 可以帮助我们根据热点特性和目标受众，制定最优的传播策略，最大化借势效果。

热点传播策略提示：

请作为传播策划专家，为我的热点借势内容设计完整的传播策略：

内容信息：

借势热点：【相关热点话题】

内容形式：【如文章/视频/图文/海报等】

内容核心：【内容的主要观点或创意角度】

目标受众：【主要目标用户群体】

可用资源：【如自有流量渠道/预算/合作伙伴等】

请提供以下传播策略：

1. 多平台传播计划（主要平台和次要平台的内容调整和发布策略）

2. 话题标签策略（热点相关和自定义标签的组合使用）

3. KOL/KOC 合作计划（如何借助意见领袖扩大影响）

4. 互动引导设计（如何促进用户参与和二次传播）

5. 舆情应对预案（可能出现的负面反应及应对措施）

6. 效果监测指标（关键数据指标和优化调整机制）

通过上面的提示语，你可以获得一份全面的热点借势传播策略，从内容发布到效果监测形成闭环。与单纯依靠内容质量的被动传播相比，这种系统化的主动传播策略能够更有效地利用热点红利，实现更大范围的曝光和影响力。

热点内容的变现与长期价值转化

热点借势带来的流量往往具有短暂性，如何将这些短期流量转化为长期价值，是内容创作者需要思考的重要问题。成功的热点借势不仅能带来即时的曝光和互动，还能通过合理的引导和转化设计，实现粉丝积累、品牌强化或直接商业变现。

热点内容的变现方式多种多样，从直接的产品关联和服务推广，到用户引流和数据积累，再到品牌认知建立和专业定位强化。DeepSeek 可以帮助我们根据不同的变现目标，设计合适的转化路径和引导策略，让热点流量创造更持久的价值。

热点变现提示：

请作为内容变现专家，为我的热点借势内容设计变现与价值转化方案：

内容情况：

借势热点：【热点话题名称】

内容形式和角度：【借势内容形式和创意角度】

预期流量：【预计可能获得的流量规模】

用户特点：【热点带来的用户群体特征】

变现目标：

主要目标：【如品牌认知/粉丝积累/直接销售等】

次要目标：【其他期望实现的价值】

可变现资源：【您可提供的产品/服务/内容等】

请提供以下变现方案：

1. 流量价值评估（不同类型流量的价值判断）

2. 直接变现策略（如何在内容中自然植入商业元素）

3. 用户沉淀方案（如何将临时流量转为长期关注）

4. 二次内容规划（热点降温后的内容延续策略）

5. 数据积累设计（如何收集和利用用户数据）

6. 长期价值转化路径（从关注到转化的完整路径设计）

这样，你可以获得一套系统的热点流量变现方案，将短期热点效应转化为长期商业价值。这种战略性的流量运营思维，比起简单的"蹭热点"行为，能够创造更可持续的内容价值和商业回报。

💡 应用案例：瑜伽工作室借势奥运热点引流

一家主打健康生活方式的瑜伽工作室希望借助奥运会热点扩大品牌影响力并吸引新客户。工作室之前的营销内容互动平平，主要通过常规的课程介绍和优惠活动吸引客户，效果有限。他们希望借助奥运这一全民关注的热点，以创新的方式提升品牌曝光并获取潜在客户信息。

用户输入：

请作为创意策划师，为我的瑜伽工作室提供借势奥运会热点的创意方案：

热点信息：

· 191 ·

·热点话题：正在进行的夏季奥运会

·热点现状：全民关注度高，各运动项目比赛热度不同，体操、游泳等项目讨论度较高

·热点特点：健康向上，关注运动员表现和身体素质

借势目标：

·品牌定位：都市白领健康生活方式瑜伽工作室，主打减压、塑形和心灵平衡

·目标受众：25—40岁都市白领，尤其是女性，健康意识较强

·传播平台：微信公众号、小红书和抖音

·期望效果：提升品牌曝光量，收集潜在客户信息，并转化为体验课程预约

工作室资源：

·有专业瑜伽教练团队

·可提供免费体验课和新人优惠

·有自己的工作室场地可拍摄内容

·可提供小额预算用于投放

DeepSeek 回应：

瑜伽工作室奥运借势营销方案

创意角度设计

经分析，奥运会热点与您的瑜伽工作室有多个关联点：运动员的柔韧性、专注力、身体平衡、压力管理等，这些都是瑜伽的核心价值。以下提供三个差异化借势角度：

方案一：《奥运选手都在练的秘密武器：瑜伽助力金牌背后的故事》

核心创意：揭秘多位奥运选手（特别是体操、游泳选手）如

何将瑜伽融入训练，提升表现

表现形式：

·小红书长图文+视频：对比展示奥运选手与普通人在柔韧性、平衡力上的差异，并呈现瑜伽如何弥补这些差距

·微信推文：深度解析3—5个奥运选手使用瑜伽训练的真实案例

……

方案二：《奥运冠军的心理调节法：我们从瑜伽中找到答案》

……

变现路径设计

短期转化漏斗

1.热点内容吸引注意→

2.互动获取小礼品→

……

　　DeepSeek提供的"奥运选手同款瑜伽动作"创意方案，避开了同质化的奥运祝福，建立了专业关联。通过上述案例我们可以看出，深思熟虑的热点借势比盲目蹭热点更能创造实质性的商业价值。

　　通过前面的学习，我们全面了解了如何借助DeepSeek创作爆款文案的核心技巧，从标题构思到内容架构，从短视频脚本到营销转化，再到知识产品规划，DeepSeek为内容创作与商业变现提供了系统的方法论和实用工具。通过精准把握用户心理和平台特性，结合AI强大的创作能力，我们能够打造既满足人文表达需求，又能实现商业价值的优质内容，在信息爆炸的时代脱颖而出，实现个人影响力和商业价值的双重提升。

特别提示与法律声明

1. 书中案例仅作技术逻辑演示与创意启发参考，不构成实际应用建议。读者应在关键场景中结合人工审核与专业知识验证内容的可靠性。

2. 基于 AI 模型的随机性设计，相同指令可能产生差异化输出。

3. 实际应用时请结合具体场景验证内容准确性。

4. 本书引用的 AI 生成内容不代表深度求索（DeepSeek）官方观点，作者及出版方对读者基于此类内容采取的行动不承担法律责任。

5. 书中案例为生成结果的片段示例，不可视为唯一标准答案。